气候变化风险评估

滕飞 等 编著

商务印书馆
The Commercial Press
创于1897

图书在版编目（CIP）数据

气候变化风险评估/滕飞等编著.—北京：商务印书馆，
2023
（第四次气候变化国家评估报告）
ISBN 978-7-100-22059-0

Ⅰ.①气… Ⅱ.①滕… Ⅲ.①气候变化-评估-研
究报告-中国 Ⅳ.①P467

中国国家版本馆 CIP 数据核字（2023）第 036746 号

第四次气候变化国家评估报告
气候变化风险评估
滕 飞 等编著

商 务 印 书 馆 出 版
（北京王府井大街 36 号 邮政编码 100710）
商 务 印 书 馆 发 行
北 京 冠 中 印 刷 厂 印 刷
ISBN 978 - 7 - 100 - 22059 - 0

2023 年 7 月第 1 版　　　开本 710×1000　1/16
2023 年 7 月北京第 1 次印刷　印张 15¾
定价：98.00 元

本 书 作 者

指导委员　杜祥琬　院　士　中国工程院

　　　　　何建坤　教　授　清华大学

领衔专家　滕　飞　教　授　清华大学

首席作者

　第一章　滕　飞　教　授　清华大学

　　　　　王天鹏　助理研究员　清华大学

　　　　　王文涛　研究员　中国 21 世纪议程管理中心

　第二章　巢清尘　研究员　国家气候中心

　　　　　冯爱青　副研究员　国家气候中心

　第三章　郑　艳　研究员　中国社会科学院

　　　　　周大地　研究员　国家发展改革委能源所

　　　　　潘家华　学部委员　中国社会科学院

　　　　　刘　杰　讲　师　陕西师范大学

　　　　　刘起勇　研究员　中国疾病预防控制中心

　　　　　刘小波　副研究员　中国疾病预防控制中心

　第四章　张九天　研究员　北京师范大学

　　　　　宋香静　助理研究员　北京师范大学

　　　　　张　璐　经济师　北京师范大学

	李　林	工程师	北京师范大学
	张苓荣	博士生	北京师范大学
第五章	曹　静	副教授	清华大学
	齐　伟	博士生	清华大学
	刘庆丰	博士生	清华大学
第六章	齐　晔	教　授	清华大学
	李惠民	副教授	北京建筑大学
	王雪纯	博士生	清华大学

前　言

　　气候变化是当今人类面临的最严重的全球性环境问题，也是最具挑战的风险管理问题。由于气候变化的广泛影响和人类社会在影响面前的脆弱性，气候变化正进一步对国家安全和繁荣带来严重威胁。近年来气候变化已经与国家安全问题紧密联系，从战略角度应对气候变化，避免不可控的安全问题变得愈加重要，但目前的研究中对气候变化风险的定义并不相同。文献中最为常用的气候变化风险定义来自联合国政府间气候变化专门委员会（Intergovernmental Panel on Climate Change，IPCC）第五次评估报告。该报告将风险定义为："通常表示为危险事件或趋势发生的概率乘以这些事件或趋势发生时的影响。风险是由危险性、脆弱性和暴露度的相互作用产生的"。在IPCC第五次报告的气候变化风险定义中，风险一词主要用于指气候变化影响的风险，特别指气候变化引起不利事件发生的可能性及其后果的组合。而气候变化风险是指气候变化对自然系统和社会经济系统可能造成的潜在不利影响，主要体现为气候变化引发的极端天气/气候事件（如高温、强降雨、台风等）和长期气候变率变化（干旱化、持续升温、海平面上升等）。联合国气候变化框架公约（United Nations Framework Convention on Climate Change，UNFCCC）第二条明确其成立的宗旨是"防范人类活动可能对气候系统造成的不可逆危险"。对此，制定气候决策首先需要了解气候变化可能导致的"危险水平"，其次对各种危险（Hazard）所引发的社会福利影响进行评估，最后设计最适当的政策手段（包括减排和适应）以避免和应对潜在风险。

随着气候变化风险理论在认知层面、方法层面和实践层面的发展，对气候变化风险的内涵有了更深刻的认识。基于相关气候变化研究，气候变化风险的定义为：自然和人为干扰（人类活动）形成的气候系统变化，对自然系统和社会经济系统可能造成的潜在不利影响。IPCC 第三次评估报告（The Third Assessment Report，TAR）首次提出气候变化风险的概念并评估了不同升温情况下的"五大关切理由"（Five Reasons for Concern，RFC）的风险水平。IPCC 第四次评估报告中对气候变化风险的讨论也仅仅建立在评估关键脆弱性的概念基础之上。IPCC 第五次评估报告（2014）则引入了"暴露度"和"脆弱性"等概念，提出气候变化风险是气候相关危害（包括趋势性事件和渐变事件）与人类和自然系统的暴露度与脆弱性的相互作用，将气候变化风险表述为危险性、脆弱性、暴露度三个核心要素的函数，由此完善了气候变化风险的评估框架。该理论以气候变化风险为核心理念，提出了包括陆地和内陆水生态系统、生物多样性及相关生态系统功能损失风险在内的八类关键风险，倡导气候变化风险的管理与建立可持续发展路径。

近年来，研究者愈来愈认识到气候变化风险的系统性。在英国气候变化专家委员会的报告《气候变化：风险评估》和中英气候变化专家委员会的联合报告《气候变化风险评估研究》中，均将风险评估的范围拓展到三个领域：未来全球温室气体排放路径的排放风险、全球温室气体排放给气候带来的直接风险，以及气候变化与复杂的人类系统相互作用而产生的间接风险。本报告沿用了中英气候变化专家委员会风险评估的框架，以及对于气候变化风险的定义。这一定义不仅包括气候变化影响的风险也包括了温室气体排放的风险。因此，本报告认为气候变化的风险主要来自于三个方面，一是全球低碳转型受挫、温室气体排放持续增长的风险；二是气候变化引起的直接影响超过"无法忍受"的阈值的风险；三是气候变化风险与其他风险相互作用，使得灾害叠加、放大形成的系统性风险。

　　在以往研究的基础上，本报告作者团队组织了清华大学、国家气候中心、北京师范大学、中国社会科学院、国家发展改革委能源研究所、中国疾控中心、北京建筑大学、中国 21 世纪议程管理中心等的多名专家根据已发表的国内外文献，对中国面临的气候变化风险进行了系统评估，并形成了本报告。需要特别指出的是，气候变化正在推动地球发生根本性变化，对人类生计和福祉产生不利影响，使发展成果面临风险。人类对气候变化风险的认识还在不断地深入和完善。希望本报告的出版可以吸引更多的研究人员和决策者对气候变化风险的重视，并为认识气候变化风险以及从风险管理的角度看待应对气候变化问题提供有益的借鉴。

　　本报告得到《第四次气候变化国家评估报告》的支持。

本书作者
2022 年 10 月 13 日

目　　录

摘　　要

　　气候变化是当今人类面临的最严重的全球性环境问题，也是最具挑战的风险管理问题。气候变化的风险主要来自三方面：一是全球低碳转型受挫、温室气体排放持续增长的风险；二是气候变化引起的直接影响超过"无法忍受"的阈值的风险；三是气候变化风险与其他风险相互作用，使得灾害叠加、放大形成的系统性风险。由于气候变化的广泛影响和人类社会在影响面前的脆弱性，气候变化正进一步对国家安全和繁荣带来严重威胁。近年来，气候变化已经与国家安全问题紧密联系，因而从战略角度积极应对气候变化，避免不可控的安全问题变得愈加重要。

一、全球排放风险正在快速增长，并导致温升超过阈值的概率显著增长

　　尽管全球能源系统正在转型，但其转型速度不足以实现《巴黎协定》确定的 2 摄氏度温升目标。2018 年全球温室气体排放量达到 580（±58）亿吨二氧化碳当量。从 2010 年到 2018 年，温室气体排放量年平均增长约 1.4%，相比 2000～2010 年的年均增长率 2.5%，排放趋势明显趋缓。但全球低碳转型的速度仍然缓慢。按当前转型趋势的全球排放将缓慢上升至 2030 年，然后保持在比当前水平高 30 亿吨。这将导致 2100 年的中值温升约为 2.7 摄氏度，

但有 10%的可能超过 3.5 摄氏度。而如果全球低碳转型进一步迟滞，2100 年的全球温升很可能超过 4 摄氏度，并有 50%的概率超过 5 摄氏度。

二、全球气候变化直接风险总体上随温升呈现非线性增长，气候变化风险管理亟需关注小概率高影响的极端气候事件

随着全球平均地表温度的增长，气候变化极端天气的频率和强度也将快速增长，强降水发生频次将明显增长，高温热浪天数随温度呈现出非线性增长关系；在 1.5 摄氏度增温情景下，全球 50%的陆地区域持续高温日数较 1986～2005 年将增长 30 天左右，而在 2 摄氏度情景下，将增长 50 天左右，持续高温日数在热带地区增长最为明显。气候变化改变全球水资源的时空分布，水资源供需矛盾加剧，干旱半干旱缺水区的风险最大，而强降水区域河流洪水风险加剧。气候变暖可能会给一些高纬度地区农业带来增产，而对于热带地区，如西非、东南亚，以及美国的中部和东北部地区，农作物将面临减产风险。海平面上升将严重加剧沿海地区的洪涝灾害风险，极值水位事件的发生频率和强度增长，三角洲等沿海低地和岛屿地区淹没风险较高。气候变化将改变生态系统的格局，增加生态系统的脆弱性。

三、气候变化的复合风险和跨部门的系统性风险愈加突出，但对其影响和概率分布尚缺乏研究

气候变化风险不仅来自于气候变化本身，同时也来自于人类社会发展和治理过程。未来气候变化背景下，可能出现对中国国计民生、对外合作、区域战略等重大发展议题造成重大影响的气候安全风险。主要包括以下几类（1）冰川融雪引发的西部地区的水安全风险；（2）沿海城市海平面上升及暴雨洪涝引发的城市安全风险；（3）西部地区的气候贫困及移民风险；（4）气

候变化引发的人类健康风险，如高温热浪、雾霾等导致的疾病及超额死亡风险等。气候变化背景下，中国的水安全、粮食安全、能源安全、城市安全等问题可能在气候变化影响下进一步复杂化或交织出现，需要密切予以关注，加强前瞻性的防范，避免出现极端或突发气候变化灾害引发的系统性风险。但到目前为止，对气候变化系统性风险缺少量化研究，很少有研究提供影响及完整的概率分布。

四、在缺乏全球重大减排措施的情景下，中国气候变化直接风险将显著增长

在高排放路径下，未来中国面临的气候变化极端事件频率和强度均将增长，部分区域的气候灾害风险将显著增长。在不同温升情景下，未来中国极端暖事件明显增多，极端冷事件减少，中国东部地区最大持续降水天数显著增长，南方地区持续干期呈增长趋势，极端事件的频繁发生将显著影响能源、交通及旅游等行业。部分流域极端气候、水文事件频率和强度可能增长，加剧中国西北和华北地区的水资源风险。受气候变暖影响，中国主要粮食作物生育期缩短和关键生育阶段前移，极端气候灾害（如干旱、洪涝和极端热害等）对农业主产区作物产量和品质造成严重影响。中国的洪涝灾害将变得更加频繁，城市暴雨洪涝风险增大，未来中国洪涝灾害高风险区主要分布在华南及华东的大部分地区、华北的京津冀地区等。在海平面上升的背景下，台风、风暴潮、极端降水和径流叠加影响下的滨海城市洪涝风险显著增长，东南沿海地区风险较强。未来气候变化将使中国东部地区自然生态系统的脆弱程度呈上升趋势，西部地区呈下降趋势，自然生态系统脆弱性的总体格局没有显著变化，仍呈西高东低、北高南低的特点。

五、气候变化风险的相互关联将引发级联效应和系统性风险，加剧了城市和基础设施应对风险的脆弱性

气候变化对相互关联的系统带来额外的风险，例如基础设施和城市。基础设施作为一个统一的整体支撑经济繁荣、治理和生态质量的提高，呈现相互关联的特点，存在物理关联、网络关联、地理关联、逻辑关联等多种关联类型，面临气候变化风险时容易发生级联风险。气候变化风险增加基础设施的脆弱性，威胁基础设施寿命，影响基础设施的运营维护。城市是最容易引发系统性风险的地区。由于人口和财富高度集聚，城市复杂性和各种潜在风险日益凸显，缺乏科学规划的发展进程会加剧城市应对风险的脆弱性。预计中国在 2050 年左右将完成城镇化，未来 20 年城镇人口将增长 2 亿多人。中国东部沿海、中部和西部地区受到气候和地理环境的影响，灾害风险类型各有差异。未来在气候变化和城镇化发展的共同驱动下，中国城市地区所面临的气候变化风险可能会更为严峻。

六、碳社会成本被用以评估气候变化带来的经济损失，目前综合评估模型估计的碳社会成本在 30～40 美元/吨二氧化碳，但不确定性较高并可能被严重低估。

碳社会成本是对特定年份的边际碳排放所造成损失的货币化评价，是当前气候政策效益分析的关键方法与工具，可为政府相关碳排放标准的制定提供定量依据。综合评估模型（Integrated Assessment Model，IAM）是测算碳社会成本的重要工具，但目前碳社会成本评估的理论与方法论仍有待发展，现有的模型在模型结构、参数选择等方面都存在一定差异，模拟测算存在较

大的不确定性。目前主流综合评估模型对碳社会成本估计的中值在 30～40 美元/吨二氧化碳。碳社会成本的评估结果的差异主要体现在敏感性气候参数、贴现率等关键模型参数方面，此外模型对未来社会经济排放路径的预测也会显著影响碳社会成本的测算。近年来基于实际微观数据的实证研究也逐渐发展起来，从计量统计上分析气候变化对农业、能源消费、人类健康等方面的影响。这些研究提供了大量的微观实证实例。目前综合评估模型所测算的碳社会成本可能只是目前可以定量估算的冰山一角，气候变化的损失可能被严重低估。

七、通过综合风险治理提高恢复力是应对气候变化风险的核心策略

日益频繁和严重的气候变化威胁着人类系统的稳定性，并可能以"风险级联"的方式通过复杂的经济和社会系统传播。间接系统性风险的跨界特征意味着单方面的响应是不够的，国家适应战略可能无法充分应对境外风险，且在有些情况下，如果以孤立或以邻为壑的方式寻求单方响应以降低风险的暴露度和脆弱性反而会增长系统性风险。农业、水资源、生态系统、能源、交通、国土、海洋、人居环境和健康等领域更易遭受极端天气气候事件和灾害的影响，需要协同考虑防灾减灾、节能减排、生态保护、扶贫开发等可持续发展的多重目标。在城镇化、农业发展和生态安全战略格局中应加强区域间协同，为中国经济社会可持续发展提供有力保障。提升恢复力是国际风险管理的共识。设计和实施恢复力战略应当软适应和硬适应措施并重。具体途径包括：加强天气气候灾害的预测、预警及监测，加强基础设施建设，推动风险治理机制创新等。

八、中国应将气候安全纳入整体国家安全体系，并根据国家应对气候变化战略确定中长期气候安全目标，积极引领全球气候变化风险治理进程

气候变化既可诱发直接风险，也可诱发间接风险，对生态、经济、社会、文化、政治等各方面构成严重威胁，应当高度重视气候变化对国家安全的影响，将适应和减缓气候变化置于国家安全体系框架下统筹考虑。气候变化风险是"风险社会"中最典型的现代风险。随着经济社会发展、人口增长及结构变化，城镇化水平提高，与未来高温、洪涝和干旱灾害增多增强相叠加，中国面临的气候变化风险将进一步加大。气候变化风险管理有助于降低风险、保障气候安全、促进可持续发展，是风险社会治理的重要组成部分。气候变化问题与全球政治、经济、环境和贸易等问题密切关联，气候安全问题包含着各国的发展权之争、公平的维护、话语权的争夺以及未来发展模式的竞争。中国应积极加强与国际社会的协作，对气候变化引发的国际性问题保持高度关注，克服系统性风险管理中固有的协调性及跨国性特殊挑战，在国际、区域和国家层面采取更多新的治理措施。由于许多系统性风险都会引起国家和国际安全方面的关注，因此应将这些关注及当前的安全部门组织纳入未来的治理范畴。中国应立即着手充分了解由气候问题引发的不同系统性风险的性质（如针对金融市场、全球粮食系统、公共卫生、重要的基础设施系统等），开发风险管理框架并引领全球气候变化风险治理进程。

第一章　全球温室气体排放路径及其风险评估

第一节　引　　言

气候变化风险包括致灾因子和承灾体两个维度，主要驱动力是气候系统和社会经济过程。这两个驱动力都与温室气体排放息息相关。一方面人为温室气体排放是以全球变暖为主要特征的全球气候变化的主要原因，另一方面社会经济的快速发展是推动全球人为温室气体排放快速增长的主要驱动因素，因此理解气候变化风险的起点是理解温室气体排放路径及其风险。

第二节　影响全球排放路径的关键因素

人类活动导致了温室气体排放的增长，但自工业化革命以来，由于经济和人口的飞速增长，人为温室气体排放进一步增长，使得大气中二氧化碳、甲烷和氧化亚氮等温室气体的浓度达到过去 80 万年来前所未有的水平（IPCC，2014）。而人类活动导致的温室气体排放的增长极有可能是观测到以全球变暖为代表的全球气候变化的主要原因。

近年以来，人为温室气体排放总量持续上升。根据 EDGAR 排放数据库（Crippa *et al.*, 2019）的估计，近年来全球温室气体排放量持续上升，但排放量增长速度放缓。2018 年全球温室气体排放量达到 580（±58）亿吨二氧化碳当量。其中化石燃料及工业过程排放的二氧化碳为 380（±30）亿吨，土地利用变化的二氧化碳排放量为 55（±28）亿吨，甲烷排放量为 110 亿吨二氧化碳当量，氧化亚氮排放量为 25（±15）亿吨二氧化碳当量，含氟气体排放量为 16（±3.2）亿吨二氧化碳当量。自 2010 年以来，全球每年的温室气体排放约增长 58 亿吨二氧化碳当量，其中来自化石燃料和工业过程的二氧化碳排放量贡献了 37 亿吨，来自甲烷的排放量为约 1 亿吨二氧化碳当量、氧化亚氮约为 0.2 亿吨，含氟气体约为 0.51 亿吨。2010～2018 年，温室气体排放量平均增长约 1.4%，相比 2000～2010 年的年均增长率为 2.5%，排放增长趋势明显趋缓。

IPCC 第五次评估报告的多重证据表明（IPCC, 2014），温室气体的累积排放与 2100 年全球温升变化预估之间存在很强的线性关系，即二氧化碳的累积排放在很大程度上决定了 21 世纪末期及以后的全球平均温升。因而给定全球平均温升目标，也就大致决定了对应的累积排放空间，即碳预算。IPCC AR5 的多模式结果表明，如果要将 21 世纪末全球地表温升控制在不超过工业化前（1861～1880 年）2 摄氏度以内（概率高于 66%），则需要将自 1870 年以来人为源二氧化碳的累积排放量控制在 25 500 亿～31 500 亿吨。自 1850 年以来，人为源二氧化碳排放的累计排放总量约为 24 000（±3 900）亿吨（Friedlingstein *et al.*, 2019）。IPCC 1.5 摄氏度特别报告估计的剩余碳预算（自 2018 年 1 月 1 日起）为 4 200 亿吨二氧化碳（对应于 1.5 摄氏度目标）和 12 000 亿吨二氧化碳（对应于 2 摄氏度目标）（Rogelj *et al.*, 2018a）。按照目前全球的排放速度，剩余碳预算将在 9 年和 27 年内耗尽。如果按照目前各国在《巴黎协定》下的国家自主贡献（Nationally Determined Contribution, NDC）排放路径（Rogelj *et al.*, 2016），即使全球排放从现在起以每年 3%或 7%的速度下降，1.5 摄氏度的剩余碳预算也将分别在 2030 年或 2037 年耗尽。

由于全球温室气体排放路径主要受全球人口规模、经济发展水平、生活方式、能源利用技术水平和气候政策等因素驱动，未来的全球温室气体排放路径也受这些因素变动的影响，存在较大的不确定性。当前的气候政策将在很大程度上决定未来几十年全球的排放路径，进而对全球累积排放和温升产生重要影响。只有做出比今天更大的减排努力，全球温室气体排放才有可能显著减少，实现将全球地表平均温升限制在较低水平的全球减缓目标，但由于气候不确定性的存在，全球平均温升仍然有达到较高水平的可能，而通过全球减排努力实现的低排放路径可以大幅降低高温升的风险。

目前在 IPCC 及有关文献中对不确定性及风险进行评估的方法主要有两种：一是基于多模型评估，即将不同模型的结果综合在一起来评估，其不确定性主要来源于不同模型之间的差异；二是基于单模型的随机化参数评估，即对单个模型中的关键参数随机化，并基于随机化后的结果开展风险评估，主要体现了参数的不确定性。在 IPCC 第五次评估报告中，评估碳预算时分别采用了以上两种方法，其中第一工作组（WG I）采用的是多模型评估方法，而第三工作组（WG III）则采用的是基于 MAGICC 模型的单模型随机化参数评估方法。

IPCC 第五次评估报告情景数据库是基于其第三工作组的工作，情景数据库共包含了 31 个模型和 1 184 个排放情景的集合。包含在该情景数据库中的情景具有四个共同的特征：即情景来源于同行评审后的文献、包含必要的数据变量和情景说明、研究的对象是整个能源系统以及情景数据至少要能达到2030 年。总的来看，该情景数据库中的情景绝大部分可以分为基准情景（Business as Usual, BAU）、550 情景和 450 情景这三类。其中 550 情景和 450 情景分别是指将大气层中的温室气体浓度控制在百万分之 550 和百万分之450 的排放情景。除这三类情景之外，数据库还包括个别其他情景如 400 情景等。就具体排放情景而言，每个排放情景包含的数据变量包括能源相关变量如分部门的终端能源消费数据等，温室气体排放相关变量如二氧化碳排放等，经济社会数据如人口、国内生产总值（Gross Domestic Product, GDP）等。

从化石燃料消费导致的二氧化碳排放情况来看，在正常排放基准情景（BAU）下全球温室气体排放持续增长，全球平均气温将较工业化时期前将有较大幅度的升高。而 550 情景和 450 情景则考虑了未来不同力度的温室气体减排措施。图 1–1 展示了 IPCC 第五次评估报告情景数据库中三类排放情景中化石燃料消费导致的二氧化碳排放情况。从图中可以看出 550 情景下的全球碳排放峰值一般在 2030～2040 年，并有一部分 550 情景可以在 21 世纪末期实现二氧化碳的零排放和负排放。而 450 情景下，全球排放峰值需要在 2030 年前后达到，并有相当一部分排放路径可以在 21 世纪末实现近零排放或负排放。

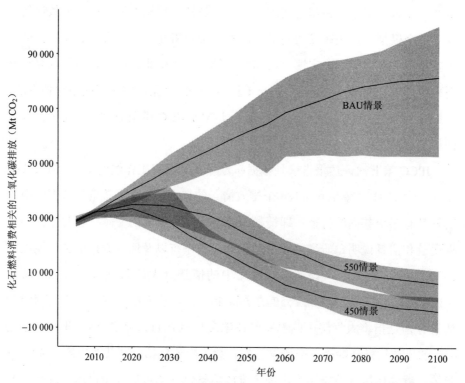

图 1–1　IPCC 第五次评估报告情景数据库中的 BAU 情景、550 情景和 450 情景排放分布

注：每类排放情景的带状图上下限分别为该类排放情景中各排放路径当年排放量分布的 15 分位和 85 分位数，带状图中的黑线为排放量分布的中位数。

一、全球能源相关二氧化碳排放

全球能源相关二氧化碳排放是与排放路径相关的最重要的风险指标。它体现了各层指标动态变化的综合效果（图 1-2），因此需要比较 IPCC AR5 各排放路径的二氧化碳排放分布。

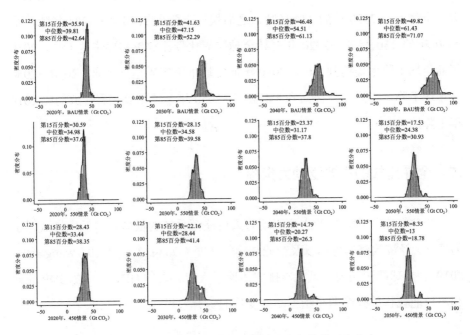

图 1-2　全球能源相关二氧化碳排放在各情景下的分布

在 BAU 情景下，全球二氧化碳排放将逐步从 2016 年的 350 亿吨增长到 2020 年的 398 亿吨，2030 年增长到 471 亿吨，2050 年进一步增长到 614 亿吨。化石燃料消费导致二氧化碳排放持续增长，2020~2050 年，每 10 年年化增长率分别为 1.7%，1.5% 和 1.2%。2050 年排放比 2016 年排放增长约 70%。

在 550 情景下，全球二氧化碳排放将在 2030 年左右稳定并达到峰值。2020～2030 年全球二氧化碳排放将稳定在 350 亿吨的水平，在 2030 年后逐步下降到 2040 年的 312 亿吨和 2050 年的 234 亿吨。2030～2040 年全球二氧化碳排放需要年均下降约 1%，2040～2050 年需年均下降 2.4%。2050 年全球二氧化碳排放需比 2016 年排放约下降三分之一。

在 450 情景下，全球二氧化碳排放的峰值年份提前到 2020 年。峰值水平进一步降低到 2020 年的 334 亿吨，之后快速下降到 2030 年的 284 亿吨，及 2050 年的 130 亿吨。2020 年开始全球二氧化碳排放量需要快速下降，2030 年前年均下降率需达到 1.6%，2040 年前年均下降率需达到 3.3%，2040～2050 年年均下降率需进一步提高到 4.4%。到 2050 年全球二氧化碳排放约比 2016 年下降约 64%。

二、全球排放的主要驱动力指标

全球温室气体减排的主要驱动力来自能源系统的低碳化、发电排放因子的降低、经济效率的提高以及产业结构的转变（Dong *et al.*, 2019；Wang *et al.*, 2019）。全球能源相关二氧化碳排放体现了人口、人均 GDP、单位 GDP 能耗和单位能耗排放强度四个指标动态变化的综合效果。

（一）人口

人口规模是温室气体排放增长的重要驱动因素（O'Neill *et al.*, 2012；Rosa *et al.*, 2012；Bongaarts *et al.*, 2018）。比较各国的排放和人口时间序列数据，研究发现人口排放弹性通常为 1，并且在发达国家和发展中国家之间没有显著差异（Liddle, 2014）。除人口规模外，家庭规模、年龄、居住地（城市或农村）和教育程度对排放也有重要的影响。利用经合组织国家的面板宏观数据进行的分析表明，自 20 世纪 60 年代以来，年龄和群体构成的变化导致了温室气体排放量的增长（Menz *et al.*, 2012；Nassen, 2014）。基于美国家庭层面的研究表明，住宅能源消耗随着家庭规模的变化而增长（Estiri *et al.*, 2019）。基于国内数据的分析也表明，家庭的小型化和老龄化导致了更高的碳排放（Yu *et al.*, 2018；Li *et al.*, 2019）。全球人口在各情景下的分布见图 1–3。

　　对于未来排放情景而言，人口增长是驱动排放增长的一个重要因素，但从 IPCC 第五次评估报告情景数据库的各情景比较来看，各情景对人口的预计并没有明显差异。在不同的情景假设下，全球人口将在 21 世纪中叶之前持续增长，从 2015 年的 73 亿，增长到 2020 年的 76.3 亿，2030 年的 83 亿和 2050 年的 92.6 亿人。

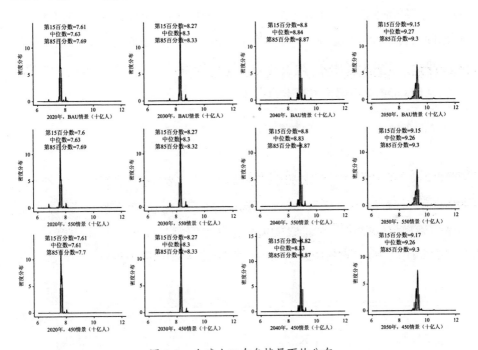

图 1–3　全球人口在各情景下的分布

　　基于 Kaya 等式分解的分析表明，人口增长对排放增长的驱动明显。特别是在高排放的 BAU 情景下，人口增长将导致全球排放每十年增长超过 30 亿吨二氧化碳。在 450 情景下，特别是 2030 年后由于能效进一步提高和排放强度的降低，人口增长对排放增长的驱动逐步减弱，只有高排放情景下的一半到三分之一。

（二）人均 GDP

经济增长是全球二氧化碳排放增长的主要驱动力（Yao *et al.*, 2015）。平均而言，GDP 增长 1%也会导致各国二氧化碳排放量增长约 1%（Stern *et al.*, 2017；Wang *et al.*, 2019）。全球 GDP 在各情景下的分布见图 1-4。其中人均收入每增长 1%，人均能源使用量增长 0.7%（Stern, 2019）。从未来排放情景看，全球经济发展的情景在 BAU、550 及 450 各情景间也没有明显差别。全球 GDP 将在 2020 年达到 73 万亿美元，2030 年突破 100 万亿美元，2050 年进一步达到 170 万亿美元。2020 年后全球 GDP 年均增长率约为 3.4%，到 2030 年后全球 GDP 年均增长率基本稳定在 2.7%。

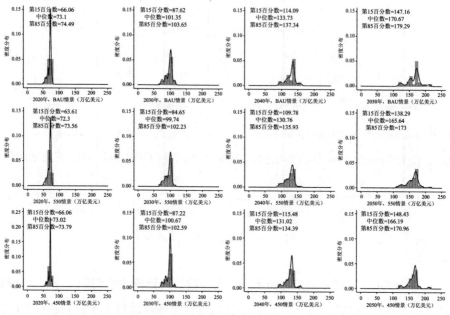

图 1-4　全球 GDP 在各情景下的分布

而由于人口的增长，人均 GDP 的年增长率要比 GDP 年增长率低约 1%。2020 年全球人均 GDP 约 9 500 美元，2030 年达到 12 000 美元，2050 年达到人均 18 000 美元。年增长率在 2%～2.4%之间。基于 Kaya 等式分解的分析表明，人均 GDP 的增长是全球排放增长的最主要驱动力。在高排放的 BAU 情景下，全球人均 GDP 的增长将导致全球排放每十年增长 80～100 亿吨二氧化碳。即便在低排放的 450 情景下，全球人均 GDP 增长导致的全球排放增长在 2030 年后也会达到 30 亿～47 亿吨二氧化碳的水平。

（三）单位 GDP 能耗

全球经济增长是全球温室气体排放持续增长的主导推动力（Burke *et al.*, 2015；Stern *et al.*, 2017），而能源效率的提高和技术创新导致的排放强度下降对减排贡献最大（Sanchez *et al.*, 2016；Chang *et al.*, 2019；Dong *et al.*, 2019；Liu *et al.*, 2019；Mohmmed *et al.*, 2019）。单位 GDP 能耗是表征全球能效动态变化的重要指标（图 1-5）。然而，当前全球化石能源消费仍然在增长，并超过了平均碳强度的下降。2018 年能源和工业过程二氧化碳排放量达到了 375 亿吨的历史新高（UNEP, 2019）。未来只有通过更雄心勃勃的政策，更迅速地淘汰化石燃料，才能实现更大幅度的减排（Le Quéré *et al.*, 2019）。

从全球排放情景看，在 BAU 情景下全球单位 GDP 能耗为 8.37 兆焦耳单位美元，该数值在 2030 年和 2050 年分别下降到 7.16 和 5.51。2020 年后单位 GDP 能耗的年均下降率约为 1.5%，2030 年后单位 GDP 能耗的年下降率维持在 1.3%的水平，但由于全球 GDP 增长率在 3%以上，全球总能耗在 2020～2040 年仍然以年均 1.5%的速度增长。在 2040～2050 年由于 GDP 增速放缓，全球总能耗的增速下降到 1%。全球总能耗由 2020 年的 600 艾焦增长到 2030 年的约 700 艾焦和 2050 年的 900 艾焦。

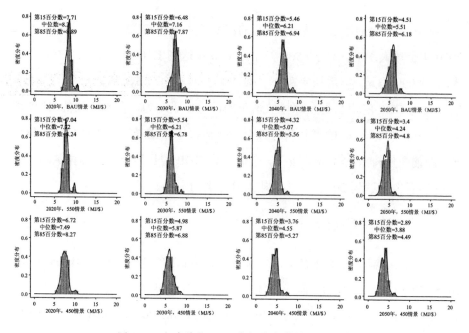

图 1–5 全球单位 GDP 能耗在各情景下的分布

在 550 情景下，单位 GDP 能耗下降率显著增长，2020～2030 年间维持在年均 2.4%，2030～2040 年间下降到 2.2%，2040～2050 年间近一步下降到 1.6%。但由于 GDP 能耗下降速率仍不能完全抵消 GDP 的快速增长，全球总能耗仍然以每年 0.5%～0.7% 的速度缓慢增长，从 2020 年的 550 艾焦逐步增长到 2050 年的 677 艾焦。

在 450 情景下，单位 GDP 的能耗强度相比 550 情景并没有明显下降，年 GDP 能耗强度的下降率仅比 550 情景增长约 0.1%，2030 年后由于碳捕集与封存（Carbon Capture and Storage, CCS）的进一步使用，年 GDP 能耗强度下降率比 550 情景反而略有上升。总体而言，450 情景下的全球总能耗比 550 情景下略有下降，但 2020～2050 年仍然以年均约 0.6% 的增长率保持缓慢上升，从 2020 年的 540 艾焦增长到 2050 年的 654 艾焦。

（四）单位能耗排放强度

单位能耗的排放强度是表征能源结构的重要指标，但实证分析表明，碳强度是对全球二氧化碳排放影响最小的因素（Tavakoli, 2018）。1990～2012年期间，单位能源消耗的二氧化碳排放量几乎没有变化（Chang *et al.*, 2019），而此后几年也只下降了约 5%（图 1–6）。

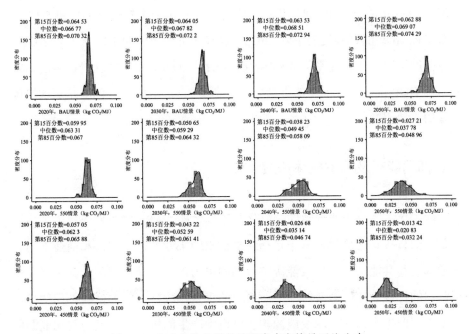

图 1–6　全球单位能源排放强度在各情景下的分布

从全球排放情景分析，在 BAU 情景下，全球单位能耗的二氧化碳排放约为 0.067 千克每兆焦，从 2020～2050 年基本没有发生变化，因而减排的主要动力仅来自于能源效率的改进。在 550 情景下，能源开始向低碳化方向发展，单位能耗的二氧化碳排放从 2020 年的 0.063 千克每兆焦逐步下降到 2030 年的 0.059 和 2050 年的 0.038。2020～2050 年的三个十年间，年均下降速度为

0.65%，1.80%和 2.66%。综合单位 GDP 能耗强度的下降，2020～2050 年的
三个十年间，全球单位 GDP 排放强度下降的年均速率为 3.39%，3.85%和
4.66%。可以看到 2030 年前单位 GDP 排放强度下降的主要贡献来自于单位
GDP 能耗的下降，而 2030 年后则主要来自于单位能耗排放的下降。

在 450 情景下，能源结构进一步低碳化，单位能耗二氧化碳排放从 2020
年的 0.062 千克每兆焦下降到 2030 年的 0.052 和 2050 年的 0.02，下降约 68%。
2020～2050 年的三个十年间，年均下降速度分别达到 1.71%，4.11%和 5.37%。
综合单位 GDP 能耗强度的下降，2020～2050 年的三个十年间，全球单位 GDP
排放强度下降的年均速率为 4.80%，6.58%和 7.27%。单位能耗排放强度下降
对单位 GDP 排放强度下降的贡献分别达到了 36%，62%和 74%，是驱动排放
下降的主要因素。

三、部门能耗及温室气体排放

除了化石燃料消费导致的二氧化碳排放之外，AR5 情景库还提供了各终
端部门的直接碳排放量，其中包括终端需求的工业部门、居民和商业部门、
交通部门和其他部门，以及能源供应端的电力部门和其他部门，其中终端需
求部门的排放为部门消费终端能源产生的直接排放，而能源供应部门的排放
主要为部门生产二次能源及能源转化过程中产生的排放。它们与终端能源的
生产和消费密切相关。第五次评估报告情景数据库同样也列出了这些部门的
终端能源生产与消费情况（图 1-7）。

从终端能源消耗情况来看，BAU 情景下总的终端能源生产和消耗呈持续
上升趋势。在终端部门中，工业部门是终端能源消费的主要部门。全球工业
部门终端能源消费从 2020 年的 179.3 艾焦，增长到 2030 年的 210.3 艾焦和
2050 年的 265.1 艾焦，年增长率在 1.0%～1.6%之间。工业部门直接排放 2020
年达到 107.6 亿吨二氧化碳，逐步增长至 2040 年的 140 亿吨，并基本稳定在

这一水平之上。工业部门的单位能源二氧化碳排放在 2020～2050 年间没有明显改善。

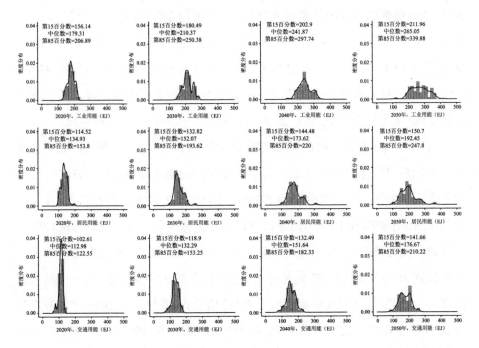

图 1–7　BAU 情景下各排放路径在 2020 年、2030 年、2040 年和 2050 年分部门终端能源消费和生产的分布情况

　　交通部门是另外一个重要的终端用能部门，终端能源消费从 2020 年的 113.0 艾焦增长到 2030 年的 132.3 艾焦和 2050 年的 176.7 艾焦，年均增长约 1.5%。交通部门直接二氧化碳排放从 2020 年的 80 亿吨持续增长，2030 年达到 91.2 亿吨，2050 年达到 116.5 亿吨。与工业部门类似，BAU 情景下交通部门的单位能源碳排放也没有明显改善，基本维持在 2020 年的水平。

　　BAU 情景下居民部门的能源消费从 2020 年的 135.0 艾焦上升到 2030 年的 152.1 艾焦和 2050 年的 192.5 艾焦，直接二氧化碳排放从 2020 年的 34.2 亿吨增长到 2030 年的 38 亿吨和 2050 年的 43.8 亿吨。与工业部门和交通部门相同，基准情景下居民部门的单位能源消费碳排放同样基本保持不变。

550 与 BAU 情景的差异主要体现在各部门的终端能耗上。与 BAU 情景相比，550 情景的终端能耗要显著降低。工业部门 2030 年的终端能耗为 181.1 艾焦，2050 年的终端能耗为 206.5 艾焦，分别只有 BAU 情景的 86% 和 78%。交通部门 2030 年及 2050 年的终端能耗也相应降低，为 BAU 情景的 95% 和 83%。550 情景下居民部门的终端能耗也比 BAU 情景下明显下降，其中 2040 年和 2050 年分别为 BAU 情景的 89% 和 85%。

与 550 情景相比，450 情景下的部门终端能源消费基本保持不变，但是单位能源消费的排放明显降低。其中工业部门的年下降率最高，2020～2050 年三个十年的年均下降率分别为 2.25%，2.46% 和 2.69%。交通部门的年下降率为 0.25%，0.99% 和 1.83%。而居民部门的变化分别为 1.71%，2.79% 和 1.90%。

对于电力部门而言，在 BAU 情景下全球发电量从 2020 年的 28 439 太瓦时增长到 2030 年的 36 797 太瓦时和 2050 年的 53 575 太瓦时。由于终端能效的提高，550 情景下的发电量要低于 BAU 情景。550 情景下 2030 年的发电量为 32 550 太瓦时，2050 年上升到 46 519 太瓦时。在 450 情景下由于电力占终端能耗的比例上升，发电量也随之上升，从 2030 年的 32 986 太瓦时增长到 2050 年的 50 361 太瓦时。

从单位发电量的二氧化碳排放看，BAU 情景下单位发电量二氧化碳排放从 2020 年的 0.54 吨二氧化碳每兆瓦时下降到 2050 年的 0.47 吨二氧化碳每兆瓦时，年均下降约 0.4%。而在 450 情景下，单位发电量二氧化碳排放到 2030 年快速下降到 0.24 吨二氧化碳每兆瓦时，并在 2050 年前基本实现电力系统的零排放。相应的单位发电量二氧化碳排放在 2020～2040 年的两个十年中，年均下降 5.6% 和 11.6%。

第三节 影响全球排放路径的关键技术及政策

一、关键减排技术的影响

技术变革促进了能源成本的下降，同时每单位能源服务产生的排放量减少。Kaya 分解的分析表明，人口和经济增长是增长排放的驱动因素，而技术变革则是减少排放的主要驱动因素（Peters *et al.*, 2017）。中英气候变化专家委员会对气候变化风险的评估中使用"交通灯"分类来表示关键技术对未来排放路径的影响。这一系统首先对每个关键技术指标的历史发展进行分析，并考虑世界各地近期的投资决策、宣布的政策、监管、商业目标和战略以及研究、开发和部署进展等，并对未来进行外推。然后基于外推的结果，使用以下定性描述将每个指标分配到特定的"交通灯"颜色下（表 1–1）。

表 1–1 能源部门关键技术指标发展趋势

部门	指标
电力部门	可再生能源电力装机容量
	核电装机容量
	CCS 碳捕集能力
交通部门	乘用车平均油耗
	货车平均油耗
	航空+航运物燃料消费总量
工业部门	能源需求/增长值
	单位能耗二氧化碳排放
	工业部门零碳燃料份额
建筑部门	（住宅部门）户均能源需求
	（服务业）能源需求/增长值
	建筑部门化石燃料+传统生物质份额

这一分析表明，在 12 个选定的指标中，只有可再生能源（如陆上风能和太阳能光伏）在往预期的方向发展。所有其他分部门都没有取得足够的进展。12 个指标中有 5 个指标显示近期有一些改善，但仍需加大政策执行力度。这些部门和领域包括：客运、工业部门燃料消费排放强度、住宅和服务建筑能效，以及核电装机容量的部署。

在客运方面，需要出台政策来增加保有和运营高排放汽车的成本，同时鼓励购买更高能效汽车甚至零碳汽车。此外，也需要增长对节能公共交通方式的投资，引入提高车辆能效的法规，以及实施鼓励采用和开发低碳燃料的措施。从工业部门来看，近期的工作重点应放在实施最佳可用技术并继续提高能效上。长期减排需要政策支持，以激励试点和商业规模的创新与跨公司、部门和国家的合作。从建筑部门来看，需要付出更多努力，使终端电器尽可能高效，在建设新建建筑时确保建筑接近零能耗，对既有建筑进行深度改造，并且更多地使用零碳能源来为建筑供暖。最后，虽然一些国家在开发和规划核电装机容量方面取得了积极进展，但许多其他情况导致这方面的进展仍然十分滞后。既有核电装机容量和鼓励新增核电装机容量都需要明确而一致的政策支持。其中包括努力降低许可和选址阶段产生的投资风险，并使获得最终批准或决定之前所需的资本支出水平降至最低。

有 6 项指标显著偏离轨道，需要重新调整政策重点。包括：碳捕集和储存、货运、先进生物燃料生产和消费水平、能效提升和工业部门零碳燃料份额，以及建筑部门零碳燃料消费水平。碳捕集与封存（CCS）对电力和工业部门的减碳至关重要。虽然近年来全球大型 CCS 项目组合有所扩大，但目前缺乏足够的政策支持，严重阻碍了必要的进展。先进生物燃料对交通部门（特别是航空）的减碳至关重要，但目前的部署速度严重偏离轨道。有必要出台相关政策加快先进生物燃料的部署，同时辅以财政去风险措施（包括税收激励措施），以促进技术创新和商业化，特别是在成本居高不下的情况下。在所有情况下，大规模扩大公共和私人清洁能源研究、示范和开发项目投资，对于实现可持续、可负担且安全的能源部门转型至关重要。

二、现有基础设施的排放

能源基础设施通常具有较长的寿命，并且这些基础设施包括建筑物和道路网共同锁定了交通方式的选择、出行距离、住房选择和行为等。高碳的能源基础设施将社会锁定在能源密集型的排放途径上，而未来这些途径将很难改变，或者需要高昂的转换成本。因此，这种基础设施可以在很长一段时间内锁定二氧化碳排放（Banister *et al*., 1997；Makido *et al*., 2012；Seto *et al*., 2016；Creutzig *et al*., 2016a）。关于与基础设施有关的碳锁定的文献很多，这些文献侧重于不同的部门和不同的地理范围，从城市到全球范围（Fisch *et al*., 2020）。现有研究基于有限的数据对电力、工业、交通以及住宅、商业建筑等现有能源基础设施的承诺二氧化碳排放进行了估计。估计表明，现有能源基础设施的承诺二氧化碳排放分别为 7 150(5 460～9 090)亿吨和 6 580(4 550～8 920）亿吨（Smith *et al*., 2019；Tong *et al*., 2019）。与全球碳预算相比，现有基础设施锁定的二氧化碳排放已经超过了 1.5 摄氏度的碳预算。这些研究表明，除非现有能源基础设施的使用寿命或利用率大幅下降，或者通过 CCS 技术对现有化石燃料基础设施进行大规模改造，否则全球温升目标可能无法实现（Smith *et al*., 2019；Tong *et al*., 2019）。

三、美国退出《巴黎协定》对全球排放的影响

2015 年 12 月巴黎气候大会上通过的《巴黎协定》，是新一轮气候谈判中多边合作的重要成果。依据《巴黎协定》各个国家提交了本国的国家自主贡献减排目标（NDC）将成为气候治理过程中新的行动指南。大量的研究表明，《巴黎协定》以及 NDC 目标将较好地促进各个国家的气候治理进程的发展。

然而，也有研究指出 NDC 目标距离把温升控制在 2 摄氏度甚至 1.5 摄氏度的目标相距甚远。全球排放路径除了受到关键技术进展的影响，也受主要国家气候政策变动的影响。本节以美国退出巴黎协定为例，分析其对全球排放路径的影响。

2017 年 6 月 1 日，美国宣布退出《巴黎协定》，拒绝履行《巴黎协定》规定的义务，以及拒绝支付气候援助基金，使得本来就有所欠缺的 NDC 目标雪上加霜。美国退出《巴黎协定》之后，一部分的研究者对美国退出《巴黎协定》可能的影响进行了定性分析。有些研究认为退出《巴黎协定》对美国减排政策和行动的实际影响有限，因为美国大部分的州和城市都已制定了气候政策，34 个州已形成了有雄心的减排计划，而且虽然特朗普政府颁布政策激励煤炭等化石能源行业的发展，但天然气和可再生能源在美国已逐渐具有成本优势，美国的排放仍然将会下降。部分研究则认为美国退出《巴黎协定》会明显减缓美国减排的进程。虽然美国大部分州已制定了减排计划，但即使他们都完成了自己的减排目标，加总起来依然未达到《巴黎协定》的要求。

也有研究者用定量的方法研究了美国退出《巴黎协定》之后，将会导致美国的温室气体排放的影响，抑或是研究美国退出之后将会导致到 21 世纪末全球温升的影响，但是这些研究都仅仅局限于美国自身受到的影响，并没有对其他地区所受的影响进行定量分析。

目前已有许多的研究分析了美国在退出《巴黎协定》之后的排放路径。根据国际能源署（International Energy Agency, IEA）的预测，美国由于废除了"清洁能源计划"等一系列积极的气候政策，其与能源相关的碳排放从 2017 年以后很难再有下降的趋势，将基本稳定在 5 300Mt 左右，30 年之后甚至略有上升趋势。根据美国环境保护署（Environmental Protection Agency, EPA）的数据，荣鼎咨询（Rhodium Group）分析表明，美国在现有政策下，净温室气体的排放将基本稳定，到 2025 年二氧化碳排放量将达到 53.88 亿～55.85 亿吨，仅相比于 2005 年下降 15%～18%，与 26%～28%的目标有着较大缺口。

根据气候行动追踪组织（Climate Action Tracker）的预测，在废除清洁能源计划的情况下，美国 2020 年，2025 年，2030 年的总温室气体排放量（不包括土地利用变更和森林（Land Use，Land Use Change and Forestry, LULUCF））分别将达到 67.20 亿吨二氧化碳当量，67.60 亿吨二氧化碳当量和 67.40 亿吨二氧化碳当量。加上碳汇的影响，美国未来 15 年的净温室气体排放量，将稳定在 60 亿吨二氧化碳当量左右。研究指出，虽然在现有政策的情景下，即使考虑到各个州、城市积极的气候治理政策以及各个非政府组织的作用，2025 年美国的温室气体排放也仅仅会在 2005 年的基础上下降 12%～14%（Kuramochi，2017）。联合国环境规划署（United Nations Environment Programme, UNEP）的研究同样表明美国在特朗普政府的政策之下，在 2030 年的排放将达到 57 亿～68 亿吨二氧化碳当量，与其 NDC 情景下 41 亿吨二氧化碳当量的目标相距甚远。同样根据荷兰环境评估署（PBL）在 2015 年的预测，在没有清洁能源计划等一系列政策的支持的情况下，美国的温室气体在 2030 年的净排将放达到 52.50 亿～64.65 亿吨二氧化碳当量，较于按照 NDC 目标顺延下的 41 亿吨有 11 亿～25 亿吨二氧化碳当量左右的差距。

美国退出《巴黎协定》将会使得其本国的化石燃料相关二氧化碳的排放在 2030 年前基本稳定，相比于 2005 年，2025 年和 2030 年的碳排放量仅下降 13.8%，对于总温室气体排放而言，其下降比例则更少，仅为 8% 左右。考虑到美国碳汇的影响，美国的净温室气体排放量在 2025 以及 2030 年约为 60 亿吨二氧化碳当量，仅仅相对于 2005 年的水平下降 9% 左右，大大背离了其之前提交的 NDC 发展目标。通过美国 Current-Policy 情景与 NDC 情景的比较可知，美国退出《巴黎协定》的自身效应将会导致美国 2025 年和 2030 年的化石燃料相关二氧化碳排放量分别上升 13.31 亿吨和 18.53 亿吨，总温室气体排放量分别上升 15.21 亿吨和 21.54 亿吨二氧化碳当量，净温室气体排放量上升 14.71 亿吨和 20.16 亿吨二氧化碳当量。如果特朗普政府的政策一直维持下去，到 2100 年其自身效应的影响将进一步扩大到净温室气体排放量上升

36.88 亿吨二氧化碳当量的程度。对于累计排放而言，美国退出《巴黎协定》的自身效应将会使得美国在 2030 年之前累计多排放 144.14 亿吨二氧化碳当量的温室气体。

第四节　从全球排放路径到全球温升的风险

为了研究不同温室气体排放路径对于未来全球温升的影响，需要构建排放与温升之间的关系。目前关于温室气体排放对全球温度变化影响的研究主要基于地球系统模式。这类模型一般根据全球温室气体循环原理计算出温室气体排放导致的大气中温室气体浓度变化和辐射强迫变化，通过耦合气候模式和温室气体循环最终得到排放产生的气候响应，如全球温升、海平面上升等。不同的地球系统模式采用的参数和原理等都有所区别，因此最终模拟出的结果也会有一定的差别。这种差别也是气候变化预测不确定性的一种表现之一。由于温室气体排放对全球气候变暖产生的影响是累积性的，单年的温室气体排放会在未来产生持续性影响，因此累积的温室气体排放量的多少会影响未来全球平均气温相对于工业化前的增温幅度。在 IPCC 第四次评估报告以前，主要的气候模式尚未建立起累积排放与温升之间的关系，直到碳循环开始被引入气候模型中才解决了这一问题。在气候系统中，可以通过累积排放气候响应（Transient Climate Response to Cumulative, TCRE）的概念建立起温升与排放之间的联系。作为反映气候系统对累积碳排放瞬时响应的参数，TCRE 表示当大气中每排放一万亿吨碳时全球平均温度的变化情况，它为温升与排放之间建立起了一个直观的关系。目前有研究认为在部分海洋区域 TCRE 可能低于 1 摄氏度，而在北极区域这一数值可能在 5 摄氏度以上，因此 TCRE 在不同地区的差异可能比较大。现有文献估计的 TCRE 范围可能在 0.8～2.5 摄氏度之间。虽然现有研究给出了 TCRE 的大体估计范围，但相对均衡气候敏感性（Equilibrium Climate Sensitivity, ECS）而言，对其概率分布的研究尚不充分，因此目前对于温升概率的分析仍然主要基于 ECS 等参数的概率估计。

均衡气候敏感度是测算排放与温升关系的另一种方法，其表示在平衡态的气候模式中，大气中二氧化碳浓度加倍时全球平均温度的变化情况，在不同的研究下其数值存在较大的不确定性。从温室效应的产生机理来看，温室气体除了通过辐射强迫直接引起大气层辐射通量的变化之外，还会在这一过程中产生黑体辐射反馈、水汽反馈等一系列反馈过程，因此辐射强迫和反馈共同决定了气候系统对温室气体响应的敏感度。由于 ECS 值的估计在气候模式中具有非常重要的作用，很多研究都对 ECS 的值或分布进行了估计。马斯特斯的研究认为 ECS 的值有 67% 的可能性在 1.5～2.9 摄氏度之间，有 90% 的可能性在 1.2～5.1 摄氏度之间。奥尔森等人的研究认为 ECS 的最佳估计为 2.8 摄氏度，有 95% 的可能性在 1.8～4.9 摄氏度之间。罗等人则构造了 ECS 的不确定性分布函数，并对各文献中提出的 ECS 分布进行了拟合。根据最新的 IPCC 第五次评估报告的估计，ECS 的值可能在 1.5～4 摄氏度之间，极不可能低于 1 摄氏度，很不可能大于 6 摄氏度。

就现有文献来看，有关排放导致温升概率的研究主要都是利用 MAGICC 模型来完成，其主要通过马氏链蒙特卡洛的方法对关键性的气候参数如 ECS 等进行随机化处理，通过模拟计算不同参数组合下的温升结果进行相关概率的估算。不过虽然 MAGICC 模型可以实现对温升概率的计算，但是仅仅通过单一的气候模型进行分析不可避免地存在一定的偏向性和研究的同质性。

ECS 作为气候系统模型中最重要的概念之一，它反映了气候系统对辐射强度的响应，数值也存在一定的不确定性。ECS 构建起了温升与大气中二氧化碳当量浓度之间的关系，通过在气候模型中模拟出排放导致的二氧化碳当量浓度的变化情况，结合 ECS 本身的概率分布，可以初步建立起排放与温升概率之间的关系。

气候模型 MAGICC 进一步计算了不同排放路径的温升概率结果（Meinshausen *et al.*, 2011）。这些路径包括典型浓度路径（Representative Concentration Pathway, RCP）（van Vuuren *et al.*, 2011）和基于指标趋势的展望。根据 RCP 2.6，2100 年的中值温升约为 1.65 摄氏度；其中温升低于 1.5 摄氏度的概率约为 33%，而温升超过 3 摄氏度的概率不到 5%。基于指标趋势的展望则显示，2100 年的中值温升约为 2.7 摄氏度，其中温升低于 2 摄氏度的概率不到 5%，而温升超过 3 摄氏度的概率约为 25%。现有政策下全球排放的温升结果与 RCP 4.5 大体相似，但即使基于现有趋势的情景仍然依赖于政策目标的持续加快推进。这意味着全球二氧化碳排放必须逐渐减少，并在 2100 年下降到略低于 250 亿吨。如果不采取这些措施，温室气体排放趋势不会趋于平缓，并且可能会继续上升，甚至可能接近 RCP 8.5 下的排放路径。而根据 RCP 8.5，2100 年的温升超过 4 摄氏度的概率将接近 90%，其中 2100 年的中值温升超过 5 摄氏度。

第五节 结 论

全球地表长期平均温升与全球温室气体的累积排放密切相关。能源部门目前约占温室气体排放量的三分之二。随着世界人口和经济的持续增长，能源部门将成为实现未来长期排放路径的关键决定因素。尽管各国已经采取了一些积极措施来减少温室气体排放，但作为《巴黎协定》目标的一部分所做的承诺不足以实现"将全球平均温升控制在超出工业化前水平 2 摄氏度以内，并努力将温升控制在 1.5 摄氏度以内"的既定目标。如果 2030 年之前承诺没有得到显著改善，那么 2030 年之后将需要采取更快速的减排措施和路径才能实现《巴黎协定》的温升目标。

全球的低碳转型虽然已经取得一些成绩，但仍与《巴黎协定》的要求相距甚远。2000 年以来，全球单位 GDP 能耗每年下降约 1%。而要实现《巴黎协定》的温控目标，这一指标必须达到年下降 2.5%，但基于现有的政策和技术发展趋势，到 2030 年，能源部门的二氧化碳排放将缓慢上升，然后保持在 350 亿吨左右（比当前水平高 30 亿吨）。这将导致 2100 年约 2.7 摄氏度的中值温升（2.1～3.5 摄氏度的概率在 10%～90% 之间）。而如果全球低碳转型进一步停滞，则全球温升在 2100 年很可能超过 4 摄氏度（超过 5 摄氏度的概率为 50%）。对全球能源基础设施的分析表明，现有基础设施锁定的二氧化碳排放已经超过了 1.5 摄氏度下的全球碳预算。除非现有能源基础设施的使用寿命或利用率大幅下降，或者通过 CCS 技术对现有化石燃料基础设施进行大规模改造，否则全球温升目标可能无法实现。

全球未来的排放路径不仅受未来人口和经济发展的影响，也受技术进步、投资选择和政策进展的显著影响。在选定的技术指标中，只有成熟的可再生能源（如陆上风能和太阳能光伏）在向预期的方向发展。全球低碳化的进程仍然远远落后于温升目标的要求，特别是由于全球仍然在化石能源领域大量投资，以及美国退出《巴黎协定》给全球排放路径带来了进一步不确定性。

参考文献

Adachi S.A., S. Nishizawa, R. Yoshida, *et al.*, 2017. Contributions of changes in climatology and perturbation and the resulting nonlinearity to regional climate change. *Nat. Commun*, 8.

Bailey R, S. Tomlinson, 2016. Post-Paris: Taking Forward the Global Climate Change Deal. Chatham House, UK.

Belenky M., 2017. The United States and the road to 2025: the Trump effect. Washington, DC: Climate Advisor.

Bongaarts, J., B. C. O'Neill, 2018. Global warming policy: Is population left out in the cold? Science, 361.

Boyd R, J Turner, B Ward, 2015. Tracking intended nationally determined contributions: what are the implications for greenhouse gas emissions in 2030?

CAIT Climate Data Explorer., 2015.

Climate Action Tracker. http://climateactiontracker.org/countries/usa.html.

Council on Foreign Relations. The Consequences of Leaving the Paris Agreement[EB/OL].

Damassa T, T Fransen, B Haya, *et al.*, 2015. Interpreting INDCs: Assessing transparency of post-2020 greenhouse gas emissions targets for 8 top-emitting economies. World Resources Institute Working Paper.

Den Elzen M, H Fekete, A Admiraal, *et al.*, 2015. Enhanced policy scenarios for major emitting countries. Analysis of current and planned climate policies, and selected enhanced mifigafion measure. Bilthoven, the Netherlands: PBL Netherlands Environmental Assessment Agency. Accessed 10 November 2015.

Den Elzen M, N Hohne, K Jiang, *et al.*, 2017. The emissions gap and its implications.

Dong, K., H. Jiang, R. Sun, *et al.*, 2019. Driving forces and mitigation potential of global CO_2 emissions from 1980 through 2030: Evidence from countries with different income levels. Sci. Total Environ., 649.

Dröge S, 2016. The Paris Agreement 2015: turning point for the international climate regime.

EIA, 2017. Annual Energy Outlook 2017. U.S. Energy Information Administration.

Estiri, H., E. Zagheni, 2019. Age matters: Ageing and household energy demand in the United States. Energy Res. Soc. Sci., 55.

Fast Company. What Will Happen If The U.S. Withdraws From The Paris Climate Agreement[EB/OL]. https://www.fastcompany.com/3067710/what-will-happen-if-the-us-withdraws-from-the-paris-climate-agreement.

Fawcett A A, G C Iyer, L E Clarke, *et al.*, 2015. Can Paris pledges avert severe climate change? Science, 350(6265).

Friedlingstein, P. and Coauthors, 2019. Global Carbon Budget 2019. Earth Syst. Sci. Data, 11.

Hsu A, A S Moffat, A J Weinfurter, *et al.*, 2015. Towards a new climate diplomacy. Nature Climate Change, 5(6).

IPCC, 2018. Global Warming of 1.5°C an IPCC special report on the impacts of global warming of 1.5 °C above pre-industrial levels and related global greenhouse gas emission pathways, in the context of strengthening the global response to the threat of climate change.

Janssens-Maenhout G, M Crippa, D Guizzardi, *et al.*, 2017. Fossil CO_2 and GHG emissions of all world countries.

Kuramochi T, N Höhne, S Sterl, *et al.*, 2017. States, cities and businesses leading the way: a first look at decentralized climate commitments in the US.

Larsen K, J Larsen, W Herndon, *et al.*, 2017. Taking Stock 2017: Adjusting Expectations for US GHG Emissions. Rhodium Group, May 24.

Li, S., and C. Zhou, 2019. What are the impacts of demographic structure on CO_2 emissions? A regional analysis in China via heterogeneous panel estimates. Sci. Total Environ., 650.

Liddle, B., 2014a. Impact of population, age structure, and urbanization on carbon emissions/energy consumption: Evidence from macro-level, cross-country analyses. Popul. Environ., 35.

Menz, T., and H. Welsch, 2012. Population aging and carbon emissions in OECD countries: Accounting for life-cycle and cohort effects. Energy Econ., 34.

Nassen, J., 2014. Determinants of greenhouse gas emissions from Swedish private consumption: Time-series and cross-sectional analyses. Energy, 66.

O'Neill, B. C., B. Liddle, *et al.*, 2012. Demographic change and carbon dioxide emissions. Lancet, 380.

PBS NewsHour. The economics (and politics) of Trump's Paris withdrawal. [EB/OL]. http://www.pbs.org/newshour/making-sense/column-economics-politics-trumps-paris-withdrawal/.

Rogelj J, M den Elzen, N Hohne, *et al.*, 2016. Paris Agreement climate proposals need a boost to keep warming well below 2 degrees C. Nature, 534.

Rogelj, J., Coauthors, 2016. Paris Agreement climate proposals need a boost to keep warming well below 2°C. Nature, 534.

Rogelj, J., Coauthors, 2018. Mitigation pathways compatible with 1.5°C in the context of sustainable development. Global Warming of 1.5 °C an IPCC special report on the impacts of global warming of 1.5 °C above pre-industrial levels and related global greenhouse gas emission pathways, in the context of strengthening the global response to the threat of climate change.

Rosa, E. A., T. Dietz, 2012. Human drivers of national greenhouse-gas emissions. Nat. Clim. Chang, 2.

Statistics I. CO_2 emissions from fuel combustion-highlights. IEA, Paris. Cited July, 2017.

The Conversation, 2017. Are we overreacting to US withdrawal from the Paris Agreement on climate?

Usepa E, 2017. Inventory of US greenhouse gas emissions and sinks: 1990–2015. Washington, DC, USA, EPA.

Vandyck T, K Keramidas, B Saveyn, *et al.*, 2016. A global stocktake of the Paris pledges:

Implications for energy systems and economy. Global Environmental Change, 41.

Wang, R. Gerlagh, and P. J. Burke, 2017. Modeling the emissions–income relationship using long-run growth rates. Environ. Dev. Econ., 22.

Wang, R., V. A. Assenova, and E. Hertwich, 2019c. Empirical Explanations of Carbon Mitigation During Periods of Economic Growth. SocArXiv.

World Economic Forum (2020). The Global Risks Report 2020 11th Edition. Geneva.

Yu, B., Y.-M. Wei, G. Kei, *et al.*, 2018. Future scenarios for energy consumption and carbon emissions due to demographic transitions in Chinese households. Nat. Energy, 3.

傅莎、柴麒敏、徐华清："美国宣布退出《巴黎协定》后全球气候减缓、资金和治理差距分析"，《气候变化研究进展》，2017 年第 5 期。

李莹、高歌、宋连春："IPCC 第五次评估报告对气候变化风险及风险管理的新认知"，《气候变化研究进展》，2014 年。

张海滨、戴瀚程、赖华夏等："美国退出《巴黎协定》的原因、影响及中国的对策"，《气候变化研究进展》，2017 年第 5 期。

张永香、巢清尘、郑秋红等：美国退出《巴黎协定》对全球气候治理的影响"，《气候变化研究进展》，2017 年第 5 期。

中国国家气候变化专家委员会、英国气候变化委员会："中—英合作气候变化风险评估：气候变化风险指标研究——UK–China cooperation on climate change risk assessment"，中国环境出版集团，2019 年。

第二章　气候变化直接风险

第一节　气候变化直接风险的概念及研究方法

气候变化直接风险的评估是气候变化对自然环境和人类社会影响的定性与量化评价过程，是风险管理和应对气候变化研究的重要组成部分。基于气候变化风险理论，本节从危险性、脆弱性和暴露度三个内涵属性综述气候变化直接风险的评估方法。

一、危险性

气候变化的危险性通常是指与气候有关的物理事件、变化趋势或其物理影响，是风险评估的重要组成部分。其风险源主要包括两个方面：一是平均气候状况变化（气温、降水趋势），属于渐变事件；二是极端气候事件（热带气旋、风暴潮、极端降水、河流洪水、热浪与寒潮、干旱），属于突发事件。气候变化的危险性即为气候渐变事件或极端气候事件的可能不利影响程度，主要评估方法有以下几种：

（一）重现期计算方法及应用

在统计学上，所谓 N 年一遇的极端事件，也叫重现期为 N 年的重现值。

重现期则是从气候概率分布来看小于某一概率的气候事件，一般统计 20 年一遇、50 年一遇、100 年一遇的小概率事件。极值重现期方法根据长时间尺度历史资料记录，预测某一特定区域在未来百年甚至千年发生极端事件的可能性。基于历史实测资料的重现期估计方法主要有频率统计分析方法和联合概率分布方法。

频率统计分析方法主要包括：皮尔逊（P-III）分布、Fisher/Gumbel 分布及韦伯分布、柯西分布、广义极值分布、帕累托分布、对数正态分布、指数分布等参数模型（Walton, 2000; Chen *et al.*, 2014），其中 P-III 分布和广义极值分布是评估极端事件常用的方法，在水利和海岸工程设计中得到了广泛应用（Boettle *et al.*, 2013; Wu *et al.*, 2017）。灾害事件的发生是多变量相互联系、共同作用的结果，因而在气候变化风险研究中，多维致灾因子的危险性评估逐渐得到发展和应用。目前多维联合分布的方法研究中，Copula 函数由于其对变量的边缘分布无要求，变量可存在相关关系，灵活性和适用性较强，广泛应用于水文和干旱灾害研究中（Wang *et al.*, 2019a）。

（二）极端气候事件指数

极端气候事件的变化特征可以反映气候变化的危险性。极端气候事件的检测方法有绝对阈值方法和百分位阈值方法。为了有效推动世界各国开展极端事件变化检测研究，世界气象组织（World Meteorological Organization, WMO）气候委员会组织成立了气候变化监测和指标专家组（Expert Team on Climate Change Detection and Indices, ETCCDI）定义了 68 个气候指数，主要涉及高温、低温、强降水等典型的单要素极端气候指数。

多要素极端事件的天气现象一般有寒潮、干旱、热带气旋（在中国一般统称为台风）、雾和霾等。例如，干旱指数致灾阈值的划分指标有：降水量距平百分率（Pa）、土壤相对湿度（Rsr）、干燥度指数（AI）、帕默尔干旱指数（PDSI）、标准化降水指数（SPI）及综合气象干旱指数（CI）等。这些指标反映了致灾事件的发生频率和强度，通过识别致灾因子的强度、影响面积、持续时间三个维度来研究气候变化危险性（Sarhadi *et al.*, 2017; Zhai *et al.*, 2017）。为了表征极端气候事件的综合表现，卡尔等（Karl *et al.*, 1998）提出了一个由传统的气候极端指标组合而成的气候极端指数（Climate Extremes Index, CEI），用于研究美国极端事件的变化规律。洪水、野火、热浪和干旱等气象灾害往往是跨越多个时空尺度的相互作用的物理过程的组合。复合极端事件的研究可以改进对潜在的高影响事件的危险性预估（Zscheischler *et al.* 2018）。

上述两种评估方法虽然过程易于操作且具有很好的研究基础，但不能科学预估未来气候变化对危险性的影响机制且受历史观测数据的限制。基于不同排放情景的气候模式预估克服了以上方法的局限性。气候模式包括全球气候模式（General Circulation Model, GCM）和区域气候模式（Regional Climate Model, RCM），可针对不同尺度的气候变化开展研究。目前主要利用耦合模式比较计划（Coupled Model Intercomparison Project, CMIP）第五阶段（CMIP5）的成果，陆续开展第六阶段（CMIP6）试验，通过模拟地球系统的强迫和响应并考虑气候内部变率，基于不同的对未来的假设，可进行未来气候变化幅度的预测。CMIP 气候模式数据被广泛应用于气候变化风险识别及极端事件分析研究中（Eyring *et al.*, 2019）。降尺度的区域气候模式如 RegCM、MM5、WRF、PRECIS、RAMS 等不断发展，主要用于模拟和预估区域未来气候变化、极端气候事件（Adachi *et al.*, 2017）。如基于气候模型模拟海岸洪水（Marsooli *et al.*, 2019）、高温热浪（Mazdiyasni *et al.*, 2019）、干旱（Wang *et al.*, 2019b）等气候相关灾害的时空危险性变化，可以用于开展气候变化风险的定量评估。

二、脆弱性

脆弱性包括对伤害的敏感性或易感性以及缺乏应对和适应的能力。脆弱性与自然环境承载力、人口分布及社会经济状况密切相关，一般包括物理脆弱性和社会脆弱性。前者反映受体自然属性的特征，后者是描述整个社会系统在气候变化影响下可能遭受损失的一种性质。目前，主要通过构建脆弱性曲线、脆弱性指数及基于物理过程的模型模拟等方法评估气候变化风险承灾体的脆弱性。

（一）构建脆弱性曲线

承灾体物理脆弱性的研究主要基于灾情数据（包括历史文献、灾害数据库及保险数据等）、系统调查及修正已有脆弱性曲线，反映的是系统损失程度与致灾因子强度的关系。例如，国内外对洪水灾害脆弱性曲线开展了大量的研究，如美国、英国和荷兰已针对不同建筑物类型建立损失曲线（FEMA, 2015; Jonkman *et al.*, 2008）。尹占娥等（2012）构建了中国典型城市的农作物、建筑、室内财产、道路等承灾体的洪水脆弱性曲线。哈莱加特等（Hallegatte *et al.*, 2013）根据不同洪水水位下暴露的资产数据，构建了六类资产的淹没深度与损伤函数关系。现有研究正逐步整合极端事件库并针对灾后损失展开问卷调查，从而优化脆弱性曲线，如台风对房屋及财产的损失率研究（曹诗嘉等，2016；莫婉媚等，2016）。在干旱方面，有研究基于信息分布与扩散方法理论，拟合了气象干旱程度—作物产量的关系（Wang *et al.*, 2019c）。因物理脆弱性研究对历史灾情数据要求较高，需要大量的实地调研，而当前灾情数据公开较少或质量不高，资料获取困难，脆弱性曲线研究十分有限。

（二）脆弱性指数

重点领域脆弱性评估中，运用统计方法建立包括敏感性和适应能力的指标体系的研究日渐丰富。如运用专家调查法（Delphi 法）、层次分析法（Analytic Hierarchy Process, AHP）、聚类法、主成分分析法、熵值法、模糊数学法、灰色系统理论法等方法给指标赋予权重，识别高脆弱性区域并对脆弱性等级进行划分。如约翰逊等（Johnson *et al.*, 2012）建立了极端高温脆弱性模型（Extreme Heat Vulnerability Index, EHVI），并根据主成分分析法确认了该模型中各影响因素的权重。袁潇晨等（2016）从暴露、敏感性和适应能力三者间不平衡关系入手，研制了干旱灾害的城市脆弱性综合指数。有研究使用基于随机森林方法的全相关特征选择算法，对重要指标进行选择和加权，为山区动态洪水建立脆弱性指数，可用于较少甚至没有经验数据的山区使用（Papathoma-Köhle *et al.*, 2019）。综合指数方法考虑了各项影响因子且能够反映脆弱性的空间分异，但是其结果仅为标量，较难应用于定量风险评估中。

（三）基于物理过程的脆弱性模型模拟

气候模式耦合相应领域已有的机理模型被广泛应用于相关领域的气候变化风险。相应的领域模型包括农业作物模型（CERES、DSSAT）、动态植被模型（BIOME、IBIS、LPJ）、生物地球化学模型（CENTURY、SIB2）、水文水资源模型（VIC、SWAT、PDM、CLASSIC）、海岸带脆弱性模型（DPSIR、DIVA）、洪水淹没模型（HAZUS、Floodmap）等（高江波等，2017）。各类模型在过程细化、模块扩展、领域交叉等方面不断改进完善。例如，传统的"平衡生态模型"在预测陆地生态系统未来变化方面表现出局限性，而动态植被模型通过模拟植被的生理过程、演替过程、植被物候和营养物质循环等过程，综合考虑全球变化和人为干扰对陆地生态系统产生的不同影响及其"时滞效应"，有助于更合理地模拟气候变化下陆地生态系统演变过程（Cramer *et al.*, 2001; Sitch *et al.*, 2008）。该类模型已被用于中国生态系统脆弱性的评估。基于过程模型的科学性直接关系到模拟结果是否可靠，而多数研究表明相应的领域模型尚不成熟，因此建立科学合理的领域评估模型是未来研究的重点。

三、暴露度

气候变化风险中，暴露度定义为可能遭受不利气候变化影响的地方和环境中存在的人员、生计、物种或生态系统、环境功能、服务和资源、基础设施或经济、社会或文化资产等。暴露度的变化是气候变化风险格局变动的原因之一。暴露度指标研究主要集中于重点领域的人口与社会经济状况。

通过研究成果归纳，气候变化对农业风险的暴露度主要体现在作物产量、种植面积和种植制度（Cohn *et al.*, 2016; Nelson *et al.*, 2014）。气候变暖造成很多地区的降水变化和冰雪消融，影响水资源分配和水循环过程。持续性和周期性水资源短缺风险的暴露度主要是生活在该地区的人口数量（Gosling *et al.*, 2016）。高温热浪直接引起对人体健康和劳动生产率的风险，分别分析 65 岁以上和 20～65 岁的暴露在高温下的人数可以获得相应的数据。洪水淹没风险的暴露度则主要是生活在河流洪涝平原和沿海低地地区的人口数量和基础设施等（Committee on Climate Change and China Expert Panel on Climate Change, 2018）。

对未来暴露度的预估主要基于未来气候、土地、人口、经济、技术和政策等一系列自然和社会因素设定基础上的情景模拟。共享社会经济路径（Shared Socio-economic Pathways, SSPs）情景描述了人口、经济、城市化、技术等的发展水平，分为五种情景假设的人口和经济系统的时空格局（Van Vuuren *et al.*, 2012; O'Neill *et al.*, 2014），可为分析全球人口和社会经济的暴露度估计提供基础。

第二节　全球气候变化的直接风险

一、极端事件

在全球变暖背景下，极端天气的频率和强度在过去几十年显著增长。随着全球温度升高，极端天气频率将持续增长（IPCC, 2014）。围绕全球增暖控制在 2 摄氏度和 1.5 摄氏度的极端事件变化及风险研究中，有研究发现降水的变化随温度升高呈现线性递增，强降水发生频次也明显增长。随着温度持续升高，超过一定阈值后的高温热浪天数随温度增长呈现出非线性增长关系（Knutti *et al.*, 2015）。另有研究表明（Schleussner *et al.*, 2016），较工业化前 2 摄氏度增暖条件下，全球 50% 的陆地区域暖昼日数将平均增长 1.8 个标准差；而在 1.5 摄氏度增暖下，暖昼日数将增长 1.2 个标准差。在非洲、南美洲以及东南亚等热带地区，暖昼日数增长明显。同时，在 2 摄氏度增暖下，全球 50% 的陆地区域的持续高温日数较 1986～2005 年将增长 50 天左右；而在 1.5 摄氏度增暖下，将增长 30 天左右。同样持续高温日数在热带地区增长最为明显，其中，在亚马孙地区甚至能增长 90 天。持续 5 天最大降水量在高纬度地区增长最为显著，当增暖为 2 摄氏度和 1.5 摄氏度时，分别增长 11% 和 7%。对于持续干期，亚热带和热带地区 40% 的陆地区域持续干期将延长。地中海地区的持续干期在增暖 2 摄氏度和 1.5 摄氏度下将分别增长 11% 和 7%。在澳大利亚，1.5 摄氏度增暖下澳大利亚南部和中部的极端高温日数将会是每年两周，而北部则会在每年一个月左右，并且随着增暖的加剧会进一步增长。对比 1.5 摄氏度和 2 摄氏度增暖发现，将增暖控制在 1.5 摄氏度以内，能有效减少澳大利亚极端高温事件的频率。高纬度地区（冷季）是增暖最强烈的地区，在全球温升 1.5 摄氏度时增温可达到 4.5 摄氏度。随着全球平均温度升高，高纬度（包括阿拉斯加、加拿大西部、格陵兰岛和冰岛等）和高山地区也成为强降雨事件增长最多的区域。

不同空间的气候变化影响差异较大，如除了高纬度地区以外的大多数地区，包括东亚和南美部分地区在内，每年至少出现一次高温热浪的频率增至70%以上。即使到了2050年，较高的暑热压力指数在大多数地区依然非常罕见，但其发生在南亚和中东部分地区的频率会大大增长。图2-1显示了与极端热天气有关的全球影响变化，重点聚焦于高温热浪天数和具有挑战性的户外工作天数。在全球内，具有高暑热压力指数的天数目前还为数不多，但是在高排放情景下将增长的非常迅速。到2100年，受极端热天气影响的人数和比例在各个社会经济情景之间差异显著。

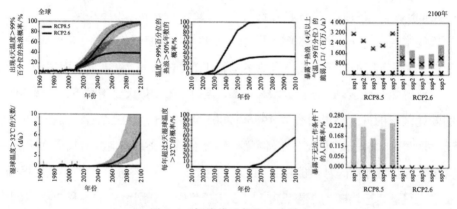

图 2-1　极端热天气的全球影响

资料来源：中英气候变化专家委员会，2019。

注：左图显示了整个21世纪极端热天气的危害变化与观测到的危害发生率；中图显示了超过某限定阈值的危害风险；右图显示了2100年在两种排放情景和五种社会经济情景下对人类社会的影响。

二、水资源

气候系统与水循环的交互作用，改变了局地和区域水资源的可利用性，包括降水格局和极端事件、河流产流量和产流过程、洪水和干旱的频率和强度等。受气候变暖影响，全球很多地区的降水变化和冰雪消融正在改变水文系统，并影响到水资源量和水质；许多区域的冰川持续退缩，影响下游的径流和水资源，全世界 200 条大河中近 1/3 的河流径流量减少；高纬度地区和高海拔山区的多年冻土层变暖和融化。气候变化会改变全球水循环的现状，通过影响相关水文途径或者指标，使得全球水资源时空分布重新分配。除了直接影响以外，气候因子还通过发生在陆面和土壤中控制陆面与大气之间水分、热量与动量交换的陆面过程间接地影响水分循环，如气温、日照、风和相对湿度对陆面蒸散发过程的影响等。

为了保证水、食物和能源的正常供给水平，需要更充足的水资源储备。联合国《世界水资源发展报告》显示，日益增长的食品需求、快速城市化及气候变化增长了全球供水的压力。2015 年，世界上不能饮用安全水的人口仍有近 10 亿；到 21 世纪中叶，农业用水需求将增长 19% 以上，而目前农业用水已占到淡水用量的 70%。全球气候变化加剧了世界水资源的紧张形势。在气候变化的作用下，由于气温升高，大气水汽含量增大，全球水资源量和需水量可能同时呈增大趋势，但由于极值事件的发生，可供人类调控的水资源量降低，水资源的时空差异增大，干旱区域水资源量降低，干旱季节需水量增大而可利用水量减少，水资源供需矛盾加剧，以干旱半干旱缺水区的影响最大（中英气候变化专家委员会，2019）。过去 20 年间全球范围内干旱造成的经济损失达近百亿美元，累计影响人数超过 10 亿（NCEI, 2016）。从全球来看，全球尺度的水文干旱风险出现增长，在低排放情景下风险较小；而在高排放情景下，2100 年因气候变化影响导致生活在缺水流域的人数要比 1981～2010 年气候状况下的人数少得多。各社会经济情景之间有很大差异。这主要是因为，预计南亚和东亚一些人口稠密的缺水流域的地表径流会出现增长。观测到的水文干旱频率比这两种预测条件下的增长更快，但是年际变率的差异相当显著。

全球尺度预估表明将温升控制在 1.5 摄氏度而不是 2 摄氏度时年平均径流发生变化（增长或减少）的范围更小。在区域尺度，未来径流量变化与降水量变化基本一致。相比当前气候状态，未来温升 1.5 摄氏度时全球径流显著增长的区域将会扩大，一些区域洪灾发生的频率也将增长。而且相比 1.5 摄氏度，2 摄氏度温升情景下径流显著增长的区域和暴露于洪水的范围还会继续扩大。马克思等（Marx *et al.*, 2018）分析了不同温升（1.5 摄氏度、2 摄氏度和 3 摄氏度）对欧洲水文低流量的影响，结果表明高山地区低流量增长幅度最大，从 1.5 摄氏度的 22%增长到 2 摄氏度的 30%，这主要与较多的积雪融化有关。施洛伊斯纳等（Schleussner *et al.*, 2016）发现将增暖从 2 摄氏度控制到 1.5 摄氏度，使得在高纬度地区径流量相对会减少。印度、东非和部分撒哈拉地区也会有所减少，而地中海地区的径流量会增长。SR1.5 把南欧和地中海地区列为热点区。这一地区未来将主要面临水资源短缺风险。这可能与冰冻圈水资源补给功能减弱也有关。库特鲁利斯等（Koutroulis *et al.*, 2015）通过研究发现在全球持续增暖的背景下，区域降水量会趋于减少而平均径流量也会逐步地减少，使得可利用水资源减少 10%～30%，导致地中海区域大部分地区遭受严峻的水资源压力。而对于一些本身就受限于可利用水资源的小岛国，水资源风险将更加突出。

三、农业

气候变化对全球大部分地区作物和其他粮食生产负面影响比正面影响更为普遍。正面影响仅见于高纬度地区。温度的增长也会影响农作物的产量。农作物的类别和区域不同，其预估的变化也会有所不同。温度的增长可能会给一些高纬度地区带来增产，而对于热带地区，如西非、东南亚，以及美国的中部和东北部地区，农作物产量将会减少，尤其是小麦和玉米。詹姆斯等（James *et al.*, 2013）通过对不同强度增暖影响的研究，发现非洲地区在增暖

1 摄氏度时降水增长不显著，而随着温度的增长，东非降水会增长，而南非、几内亚湾和撒哈拉西部降水却会减少。图 2–2 显示了六个农业指标全球危害的频率、风险和影响。在此情况下，假定农田面积始终保持固定，因此其不

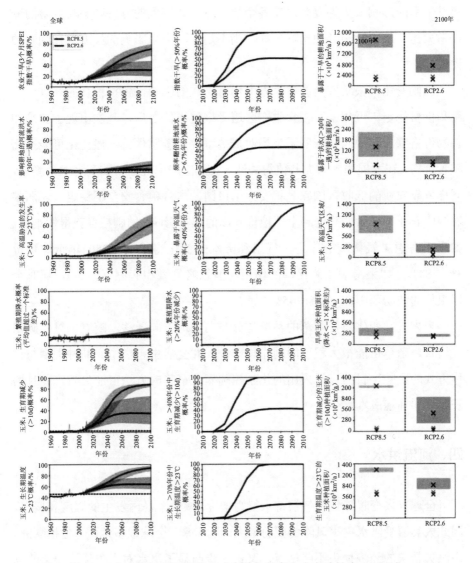

图 2–2　农业指标的全球影响（中英气候变化专家委员会，2019）

会随社会经济情景而变化。对于所有指标而言，无论是低排放还是高排放，气候变化的后果均非常不利。干旱和洪水的可能性将大大增长，更高的气温意味着极端高温和累积温度的频率将不断增长。气候变化对玉米繁殖期枯水年发生率的影响要更为复杂。在各个情景下，观测到的危害频率与危险的变化率大体一致，但与其他指标一样，尚不足以对未来影响的程度进行细致的评估。

气候变化对粮食安全的各个方面均有潜在的影响，包括粮食的获取、使用和价格稳定。近年来，粮食生产区遭受极端事件之后，几次出现了食品和谷物价格骤涨的现象，表明了市场对极端事件的敏感性。气候变化可能推高粮食价格，在发展中国家尤其值得关注。农业生产中纯粮食购买者尤为脆弱，同样依靠农业的低收入国家是粮食净出口国，本身粮食安全不稳定，还面临着国内农业生产效益降低和全球粮价升高的双重影响，加剧粮食获得的难度。如果不考虑二氧化碳的作用，气温和降水的变化将推高 2050 年全球粮价 3%～84%，如果考虑二氧化碳的作用（但忽略臭氧和病虫草害等），届时全球粮价的波动范围在–30%～45%之间。

未来气候变化将使杂草的种群与分布向极地方向迁移。随着二氧化碳浓度增长，杂草可能很大程度限制作物产量，并受病虫害类型、品种类型与耕作方式的影响。目前广泛采用的化学控制病虫草害的方法可能失效，并且增长经济和环境成本。

四、河流洪水

全球气候变暖导致大气层持水能力增强，增长了暴雨发生的强度和概率，因此人类遭受洪水灾害风险的威胁增大。近年来，全球很多地区（包括欧洲）由洪灾带来的经济损失不断增多，又进一步凸显了洪水对人类经济社会的危害。据统计，1995～2015 年间全球每年发生有人员伤亡记录的灾害性洪水事件多达 200～300 次，累计造成的经济损失高达 6 620 亿美元，受灾人数达 23 亿（Adhikari *et al.*, 2010；CRED *et al.*, 2015）。

在全球尺度下，观测到的河流洪水的频率变化不大（30 年移动平均值），至少 2030 年前，气候变化预估在全球尺度内河流洪水频率变化不大（中英气候变化专家委员会，2019）。在新的高浓度情景下的一系列预估表明，东南亚、印度半岛、东部非洲和安第斯山脉的北半部洪水频率大大增长，变化的不确定性很小，但是全球某些地区洪水频率预计会降低。在四种情景下的一组较大的集合预估显示，全球洪水的暴露程度将根据变暖程度而增长（Hirabayashi *et al.*, 2013）。阿尔菲里等（Alfieri *et al.*, 2016）结合暴露度情况，指出在 2 摄氏度和 1.5 摄氏度增暖下，全球受洪水影响人口将分别增长 170% 和 100%，造成的财产损失将分别增长 170% 和 120%，其中，亚洲、美国和欧洲受到的影响最大。在 RCP 8.5 情景下，到 2100 年，全球 50 年一遇的洪水平均发生概率将由当前的 2% 上升到 7%（Arnell *et al.*, 2019）。通过过去 50 年欧洲洪水流量区域性变化模式的研究结果表明，欧洲西北部因秋季和冬季降水量增长导致洪水增长；欧洲南部大中型流域因降水量减少和蒸发增长而导致洪水减少；欧洲东部地区因气候变暖引起的积雪和融雪减少而导致洪水减少（Blöschl *et al.*, 2019）。欧洲不同区域洪水变化趋势从每 10 年增长 11% 到减少 23% 不等。尽管观测数据在空间和时间分布上具有非均一性，但气候变化已经发生并正在产生影响。洪水风险管理中应考虑气候变化因素。

五、海平面上升与沿海洪涝

沿海地区社会经济的快速发展以及全球气候变化引发海平面不断上升，致使高人口密度及大量社会资产面临沿海高水位的风险。在气候变化的背景下，由于海平面上升叠加风暴潮等产生的高潮位会造成沿海地区大面积的淹没，海岸带的淹没灾害将会更加严重，导致大量人群及财产遭受损失。即使全球升温控制在 2 摄氏度以内，但全球海平面上升高度仍会超过 1 米（Levermann *et al*., 2013; Dutton *et al*., 2015）。由于全球气候变化，过去百年海平面上升很大程度加剧了极端洪涝灾害风险（Jahanbaksh Asl *et al*., 2013; Winsemius *et al*., 2016）。

　　未来数百年海平面仍将持续上升，极端海面事件的频发将加剧沿海地区社会—生态系统的灾害风险。预计未来海平面将继续加速上升。低排放（RCP 2.6）情景下，2100 年全球平均海平面上升速率为每年 4 毫米；高排放（RCP8.5）情景下，到 2100 年全球平均海平面将达到每年 15 毫米的上升速度，21 世纪后期上升速度将超过每年几十毫米（Le *et al*., 2017）。无论何种排放情景下，到 2050 年在许多地点极值水位事件的发生频率将从百年一遇提高至一年一遇，尤其是热带地区。沿海生态系统将面临越来越高的风险（Wahl *et al*., 2017, Vousdoukas *et al*., 2018）。预计到 2100 年，现有沿海湿地将损失 20%～90%。海平面上升、海洋变暖和酸化将加剧低洼沿海地区的风险。2100 年之前一些小岛屿国家因海洋和冰冻圈变化将变得不适宜居住。至 2030 年，全球暴露于高淹没频率的城市土地较 2000 年将由30%增长至40%（Guneralp *et al*., 2015）。至 2100 年，根据预测的海平面上升高度，全球一半以上的三角洲区域将被淹没（Syvitski *et al*., 2009），在无适应措施的情况下，全球处于淹没风险的人口将达 0.2%～4.6%，年均 GDP 损失将达 0.3%～9.3%（Hinkel *et al*., 2014）。由于冰冻圈退缩和海洋热膨胀，沿海低地和岛屿地区深受海平面上升的威胁。其中，东南亚地区和其他岛屿地区人口集中，经济相对落后，加上洪水等其他极端气象水文事件频发，成为当前气候变化风险的热点区。通过全球海岸带的淹没风险评估，东南亚的淹没频率持续增长（Hirabayashi *et al*., 2013），中国海岸带的极值水位也增长显著（Feng *et al*., 2014）。到 2100 年，数以亿计的人口将受到沿海洪水的影响，因土地丧失而流离失所，特别是在东亚、东南亚和南亚（Dasgupta *et al*., 2009）。由于人口增长、经济发展和城市化进程的加速，暴露在海岸带风险中的人口和社会资产也越来越多。中国东部沿海城市尤为突出，如上海、宁波、福州等。海岸带的淹没灾害对社会经济影响很大，未来沿海地区更多的人口和资产将暴露于淹没风险之下（Mokrech *et al.*, 2012; Strauss *et al.*, 2012; Alfieri *et al.*, 2015）。

六、生态系统

（一）陆地生态系统

受气候变化和人类活动的共同作用，植被覆盖、生产力、物候或优势物种群已经发生变化。陆地生态系统的这些变化反过来也会对局地、区域甚至全球的气候产生影响。气候变化还改变了生态系统的干扰格局，并且这些干扰很可能已经超过了物种或生态系统自身的适应能力，从而导致生态系统的结构、组成和功能发生改变，增长了生态系统的脆弱性。气候变化加大了对生物多样性的不利影响。较大幅度的气候变化会降低特殊物种的群体密度，或影响其存活能力，从而加剧其灭绝的风险。受气候变化影响，世界各地树种死亡现象越来越普遍，从而影响到气候、生物多样性、木材生产、水质以及经济活动等诸多方面。有些地区甚至出现森林枯死，显著增长当地的环境风险。

随着温度升高、冰冻圈退缩，陆地生态系统发生演替的概率增长，物候提前，并对生态系统功能造成影响，但相比全球温升 2 摄氏度和 1.5 摄氏度情景下局地物种演替、灭绝和物候提前以及生态系统功能丧失的风险要小得多。高纬度地区和高海拔地区由于年平均和冷季温升大于其他地区，所以生态系统受到影响也最大。在北极冰冻圈区，随着温度快速升高以及多年冻土退化，苔原地区木本植物将不断繁盛，预计全球温升 1.5 摄氏度时植物生长季增长约 3～12 天，而当温升 2 摄氏度时将增长 6～16 天。研究结果表明，将温升控制在 1.5 摄氏度而不是 2 摄氏度时可避免北极、青藏高原和喜马拉雅地区生态系统发生较大幅度演替（苏勃等，2019）。北极地区是全球变暖的重要热点区，随着区域气温快速上升，冰冻圈尤其是海冰和多年冻土大幅退缩。尽管北极渔业将可能获益，但大量动植物的栖息地将面临严峻风险。冰冻圈广泛发育的高山地区被誉为"水塔"，也是大量物种的栖息地，但是高山生态系统在气温快速变暖下非常脆弱。

（二）海岸带生态系统

海岸带生态系统与气候变化相关的三个因素关系密切，即海平面、海水温度和海洋酸度。气候变化和海洋酸度的改变给海岸带生态系统带来显著的负面影响。由于相对海平面的上升，海岸带系统和低洼地区正经历着越来越多的洪水淹没、极端潮位和海岸侵蚀，并承受着由此带来的不利影响。海水温度上升和海水酸化导致珊瑚白化甚至死亡。珊瑚礁成为最脆弱的海洋生态系统。除了受气候变化的影响，海岸带地区生态系统的许多变化，还受到人类活动的强烈影响，如土地利用变化、沿海开发以及污染等。

随着极地温度、光照、营养水平增长，海冰退缩，居住在漂浮海冰下面的大型藻类、浮游植物和微藻类等正在发生变化。海洋生物也正以每年40千米的速度向高纬度移动，导致高纬度生物多样性可能增长。加上海平面上升、海岸侵蚀、多年冻土加速融化以及其他原因，最终对全球海洋生态系统结构和功能、生物多样性以及食物网造成影响。全球温升 1.5 摄氏度和 2 摄氏度将对北冰洋和西南极半岛的浮游植物、鱼类和海洋哺乳动物等产生多重影响。海温增长和冰冻圈退缩也通过改变海洋环流、热量和营养物循环进而对海洋生态系统产生影响，例如海洋上升流减缓已对渔业产生影响，这与冰冻圈消融造成的大量淡水注入密不可分。冰冻圈退缩引起的海平面上升和盐度变化也对海岸带生态系统变化造成影响。基于多模式的预估结果，研究指出未来当全球平均温度上升 1.5 摄氏度时，海洋热浪发生的频率将是当前（1982～2016年）的 16 倍，如果温度升高 3.5 摄氏度，这一频率将提高至 41 倍（Frölicher *et al.*, 2018）。海洋热浪会对海洋生物及生态系统带来十分严重的后果，如珊瑚白化等（Hughes *et al.*, 2017）。在 2 摄氏度增暖条件下，几乎所有的热带珊瑚礁都会受到威胁；而在 1.5 摄氏度增暖条件下，到 2050 年珊瑚礁将减少10%。

第三节　中国气候变化的直接风险

中国自然灾害风险等级处于全球较高水平，对气候变化敏感性高。气候变化不利影响呈现向经济社会系统深入的显著趋势。气候变化对敏感领域和关键地区的影响各有利弊。已有研究表明，气候变化对中国的影响总体判断认为弊大于利，特别是未来时段预估结果显示，进一步增暖将主要造成负面影响，促使气候变化风险加剧（第三次气候变化国家评估报告，2015）。通过评估分析中国七个地理区域的水资源、冰冻圈、生态系统、农业、旅游、运输、能源、生计和健康，以及重点工程项目包括生态工程、冻土工程、公路和铁路工程以及水利工程的气候变化风险，按照每个领域的风险级别从低到高分为五个级别，可以评估中国七个区域各领域的气候变化风险（Feng *et al.*, 2020）。研究结果表明，气候变化的影响弊大于利，而变暖的可能性更大。在自然系统和生态系统方面，未来几十年西北和华北的水资源风险将处于高风险，而西北的生态系统和冰冻圈将受到更大的关注。由于全球变暖引起的极端事件增长，华南地区的人类管理和社会经济系统风险较高。而由于水资源短缺，华北地区的农业风险可能较高。未来强降雨和高温热浪的增长趋势将使华东地区的交通和能源风险更高。而西南地区的交通和旅游业将受高温的影响较为严重。

一、极端事件

观测和预估结果同时表明，中国地表温度增暖速度要快于全球（张莉等，2013；陈晓晨等，2015），在不同增暖阈值下未来中国极端暖事件明显增多，极端冷事件减少。在 RCP 2.6 情景下，在全球 1.5 摄氏度增暖时中国极端低温日数（TN90p）也比极端高温（TX90p）增长明显，持续高温日数（WSDI）也一致地增长；极端降水指标如雨日降水强度（SDII）、持续 5 天最大降水量（RX5day）以及极端降水总量（R95p）在中国呈现增长趋势，最大持续降水天数（CWD）在中国东部地区呈现出显著的增长；而持续干期（CDD）在中国南方地区却呈现出增长趋势。这将对南方的农业生产造成影响（翟盘茂等，2017）。在 RCP 8.5 情景下，相对于 1986～2005 年，表征极端高温事件的日最高气温最高值（TXx）、日最高气温超过 35 度的日数和连续 5 日最高气温大于 35 摄氏度的次数三个指数未来都将增强（图 2–3）。日最高气温最高值在 21 世纪近期增长值大都在 0.8～1.2 摄氏度。21 世纪中期将进一步升高，增长值普遍在 2.4 摄氏度以上。21 世纪末期的增长值则基本都大于 4.5 摄氏度；青藏高原和东北地区增长值相对较小；西北、长江中下游流域地区增长值相对较大。在 21 世纪近期，日最高气温超过 35 摄氏度的日数在大部分地区将增长 1～15 天，西北盆地和南方地区为增长的大值区，青藏高原和东北地区增长值相对较小；在 21 世纪中期和末期，日最高气温超过 35 摄氏度的日数将进一步增长，且增长的高值和低值区分布与近期基本一致。增长值在 21 世纪中期除青藏高原外大都在 20 天以上；21 世纪末期则基本都在 40 天以上。连续 5 日最高气温大于 35 摄氏度的次数在 21 世纪近期除青藏高原外大部分地区将增长 1～5 次，西北盆地和长江中下游流域的部分地区为增长的大值区；21 世纪中期的增长值在南方和西北大部分地区大都在 5 次以上；21 世纪末期进一步增长到 10 次以上，且高值和低值区分布与 21 世纪近期基本一致。

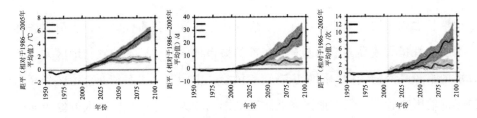

图 2–3　中国极端热天气变化趋势（Feng *et al.*, 2020）

注：左图显示了中国年均最高气温，中图显示了最高气温>35 摄氏度的年均天数，右图显示了出现连续 5 天以上 35 摄氏度的年均热浪次数，黑线代表 1986～2005 年观测到的异常现象平均值。

此外，郭等（Guo *et al.*, 2016）研究指出在增暖从 5 摄氏度控制到 1.5 摄氏度，能使得中国热浪从每年 3.2 次减少到每年 1.0 次。王安乾等（2017）研究得到将增暖从 2 摄氏度控制到 1.5 摄氏度时，在华东与华北等地暴露在最强极端低温事件的耕地面积会有所减少。在 RCP 8.5 情景下增暖 4 摄氏度和 3 摄氏度，中国平均 5 天最大降水量将增长 17.0 毫米和 12.5 毫米。苏等（Su *et al.*, 2016）发现长江上游年平均径流和峰值径流等在 21 世纪都将增长。从空间分布上看，中国北方平均降水增多，西南地区极端降水强度的增幅高于其他地区。同时，李红梅等（2015）分析全球变暖背景下青藏高原极端事件的情况，发现全球变暖 2 摄氏度背景下青藏高原霜冻日数、冰封日数减少，暖夜日数、暖昼日数增长；同时，中雨日数、强降水量、降水强度均增长，持续干期天数减少。

未来气候变化导致极端气候事件增多和增强将对交通运输产生风险，但有关研究刚刚起步，特别是对路网脆弱性研究未形成完整体系。气候变化将影响能源的供给和需求，以及整个系统的运行状况。可再生能源对气候变化较为敏感，未来水力发电在部分地区有显著下降。极端事件将增长能源消耗，城市用能需求将普遍提高（Li *et al.*, 2018; Meng *et al.*, 2018）。旅游业脆弱性高的地区集中在西部和华北、华中地区，其自然和社会经济环境脆弱是导致旅游业脆弱的根本原因。旅游结构不平衡也是重要影响因素。城市人口的迅速增长加剧人居环境的脆弱性，而农村由于极端气候事件频发，农村人居环境脆弱性指数较高。整体上看，东部的城市地区和中西部的农村地区人居环境面临较高的脆弱性，同时也有较高风险。中国东部沿海和西部地区受高温热浪的影响较高，南方地区受低温寒潮影响较大。这些地区的人群健康面临着较高的脆弱性，南方地区的人群健康风险呈加大趋势（秦大河等，2015）。

二、水资源

气候变化既影响可利用水资源量，也改变各部门水资源的消耗量。气温升高，植被和裸地的蒸散发增长，陆地蒸散发的改变影响可利用水资源。气候变化背景下，部分流域极端气候、水文事件频率和强度可能增长，加剧中国水旱灾害频发的风险，影响现有水利工程和水灾害应急管理系统。中国地理环境的区域分异性，使得河川径流对气候变化非常敏感。水资源系统对气候变化的承受能力十分脆弱。加之中国人口众多，经济发展迅速，耗水量不断增长。许多地区面临着水资源短缺问题。基础设施的建设和社会经济的快速发展也使洪水、干旱造成的经济损失巨大。研究表明，就气候变化下中国的水资源风险而言，东北地区包括松花江流域和辽河流域，其中需要重点关注辽河流域的水资源风险，导致该区域水资源风险的主要因素是高强度的人类活动，尤其是过度的水资源开发利用，其风险效果呈现出以水量短缺为主的综合特征。华北地区主要位于海河流域，在气候变化和人类活动双重影响下，加上水生态脆弱性较高，该地区水资源风险水平极高，呈现出水量、水质、水生态相互交织，系统整体恶化的状况。华中地区包括长江流域中下游和淮河流域部分。该区域的水资源风险水平整体不高，但要关注跨流域调水和河湖关系演变带来的潜在水资源风险问题。东南地区包括太湖流域、东南诸河流域和珠江流域部分地区。该区域的水资源风险水平一般，需要重点关注以水污染为主要特征的水资源风险问题。西南地区包括长江流域和珠江流域上游。该区域水资源开发利用程度不高，且影响水资源风险的因素较少，水资源风险水平较低。西北地区涉及黄河流域上游和西北诸河流域，受自然本底较为脆弱和人类活动双重影响，该区域水资源风险呈现出以水量严重短缺、水生态退化为主，多种问题相互交织的总体态势，水资源风险水平极高（田英等，2018）。从全国典型十大流域未来水资源预估看，干旱半干旱地区水资源对气候变化的响应较湿润半湿润地区更敏感。预计在 2011～2030 和 2031～2050 年，中国北方地表水资源将减少 12%～13%，南方地表水资源将减少 7%～10%，北方水资源减少量高于南方（Yuan et al., 2016）。

气候变化对跨境水资源同样提出了挑战。未来亚洲，尤其是东亚、南亚和东南亚最大的威胁将是水资源短缺。随着水资源状况的不断恶化，跨境水资源问题引发的国家间矛盾和冲突也日益增多，给地区稳定和国家安全带来了不利影响。中国西南地区跨境河流众多，有澜沧江—湄公河，雅鲁藏布江—布拉马普特河等亚洲主要河流。季风降水和冰雪融化是这些跨境河流的主要补给来源。受气候变化影响，河流径流总量减少，洪涝灾害增长。流域地区和国家均为农业型发展中国家，水资源消耗较大，对跨境河流水资源较为依赖（Scott Moore, 2009）。

中国水资源系统面临气候变化与经济社会发展的双重压力。未来全球气候变化究竟在多大范围和程度上可能改变水资源空间配置状态，加剧水资源供给压力和脆弱性，这将直接影响水资源稀缺地区的可持续发展。研究表明，1986～2005 年，有 3.19 亿人生活在严重缺水的省份。缺水人口数量会一直增长至 21 世纪 40 年代，之后在所有共享社会经济情景下随着人口减少而降低。中国北方的新疆、甘肃以及南方的广东地区，缺水人口数量将翻一番，并且整个中国北方地区的缺水人口将增长 50%。

三、农业

随着全球气候变化，中国作物布局发生变化，适宜种植区面积扩大，生长季变暖已经造成了中国主要粮食作物生育期的缩短和关键生育阶段的前移。此外，气候变化还导致极端气候（包括干旱、洪涝和极端热害）发生更加频繁。高温、干旱、洪涝等灾害都将是未来中国农业需要面对的挑战。根据标准降水蒸发指数对干旱程度的定义，1986～2005 年，约有 34.5 万平方千米的农田遭受了干旱侵袭，大部分位于华东地区。无论在低排放还是高排放情景下，干旱面积均将明显增长（中英气候变化专家委员会，2019）。模型模拟结果显示：2030 年的气候变化将使中国粮食自给率进一步下降 10%（Anderson *et al.*，2014）。由于极端气候发生频繁，农业风险具有风险单位大、区域性、伴生性、风险事故与风险损失的非一致性，农业灾害发生频率高且损失规模较大等突出特点。中国三大粮食作物（玉米、水稻、小麦）生产面临的气候变化风险增长，造成粮食供给的不稳定性增大，将会给中国粮食安全带来极大的挑战。

随着持续的气候变暖，中国农业受干旱灾害的影响最为显著。在 RCP4.5 和 RCP8.5 情景下，中国 21 世纪的干旱频率将增长。在 RCP4.5 情景下，21 世纪末严重干旱的概率增长，中国北方、东北、南方分别增长 33%、25%、34%（Chen *et al.*，2017）。根据预估结果，中国西南和东南地区将出现持续时间较长且频率较高的干旱事件，干旱中心位置可能会向中国东南部转移（Huang *et al.*，2018）。1.5 摄氏度温升情景下预估的损失将增长 10 倍（与 1986～2005 年相比）和 3 倍（与 2006～2015 年相比），将温度上升限制在 1.5 摄氏度（相较于温升 2 摄氏度）可以将中国每年的干旱农业损失减少数百亿美元（Su *et al.*，2018）。玉米对气候变暖的敏感性高于小麦，呈减产趋势，并且粮食品质也会受到影响（Yin *et al.*，2015）。干旱是中国玉米产区最主要的灾害，其次是低温、风雹和洪涝。不同种类灾害大多具有连片发生的特点，玉米干旱灾害主要集中在黄淮海、北部和西南玉米产区；洪涝灾害主要集中在西南和黄淮海平原玉米产区；低温冷害主要集中于北部、西南和南部产区。因而，玉米的高风险区主要集中于北部和黄淮海平原产区（赵俊晔等，2013）。全国范围内小麦旱灾风险呈现从西北干旱地区到东部湿润地区递减的趋势。以中国农牧交错带为界，以西为相对高值区，以东为相对低值区（王志强等，2010）。北方冬麦区（包括西北地区东部、华北中南部、黄淮、江淮北部等地）干旱的高风险区位于河北中南部、山西中部及陇东北部等地（张存杰等，2014；薛昌颖等，2016）；江淮地区小麦涝渍综合高风险区主要位于安徽省江淮南部（盛绍学等，2010）。

气候对中国水稻的区域性影响差异较大。中国东北地区水稻生产的主要农业气象灾害之一是霜冻灾害，给水稻高产、稳产带来较大影响。东北地区的北部和东部是水稻冷害高气候变化风险区（马树庆等，2011；张丽文等，2014）。西南地区水稻主要受洪涝灾害的影响。生育期的敏感性由分蘖期、拔节孕穗期、抽穗成熟期依次增强。高风险区域主要位于云南南部和东北部、贵州南部，以及四川中部的成都、眉山和德阳等地区（杨建莹等，2015）。长江流域一季稻高温热害高风险区主要在重庆中部和北部（张蕾等，2018）。长江中下游地区双季早稻冷害和热害综合风险在浙江中西部、江西东北部、湖南中部、湖北东部较高（王春乙等，2016）。未来中国水稻种植区的高温日数（HSD）和高温积温（HDD）都呈现增长趋势，其中华南双季稻区、长江流域单季稻区和东北单季稻区 HSD 和 HDD 的变化幅度较为明显，水稻高温敏感期高温持续日数（CHD）也有延长趋势，持续 3～5 天的高温事件的增长较多。

四、河流洪水

气候变暖背景下，中国的洪涝灾害将变得更加频繁。城市扩张使得区域不透水面积迅速增大，改变了城市水循环过程，导致极端降水事件增多、径流系数和径流量增长、城市暴雨洪涝风险增大。城市暴雨洪涝灾害给中国造成严重的人员伤亡和经济损失，危害经济社会健康发展。以 2013 年为例，全国 31 个省（自治区、直辖市）均遭受不同程度洪涝灾害，受灾人口近 1.2 亿，因灾死亡 775 人，直接经济损失高达 3 155 亿元，2 266 个县（市、区）遭受洪涝灾害，其中，243 座城市发生严重内涝或进水受淹，引发了严重洪涝灾害（张建云等，2016）。据相关统计，2008～2010 年，全国有 60%以上的城市发生过不同程度的洪涝，其中有近 140 个城市洪涝灾害超过 3 次以上。1960～2014 年中国 146 个城市极端降雨趋势研究显示，极端降雨趋势存在较强的空间变化，华北地区呈减少趋势，东南地区呈现增长趋势。京津冀城市群中所有城市的极端降雨呈下降趋势，长江城市群中所有城市显示出增长趋势，大城市的增长率显著增长（Zhou *et al.*, 2017；Cai *et al.*, 2018）。

在温升 1.5 摄氏度或 2 摄氏度情景下，与 2010 年夏季中国东南部极端洪水相似的事件发生频率将分别增长 2 或 3 倍。利用 22 个 CMIP5 全球气候模式模拟结果，结合社会经济数据和地形高度数据，分析了 RCP 8.5 温室气体排放情景下 21 世纪近期（2016～2035 年）、中期（2046～2065 年）和后期（2080～2099 年）中国洪涝致灾危险性、承载体易损性以及洪涝灾害风险。结果表明：洪涝危险性等级较高的地区集中在中国的东南部，洪灾承载体易损度高值区位于中国东部地区。在 RCP 8.5 情景下，未来中国洪涝灾害高风险区主要分布在四川东部、华东的大部分地区、华北的京津冀地区、陕西和山西的部分地区以及东南沿海地区。东部地区的各大省会城市面临洪涝灾害的风险也较高。与基准期相比，21 世纪后期，虽然洪涝灾害的区域变化不大，但高风险区域有所增长，由于模式较粗的分辨率，洪涝灾害风险的预估还存在较大的不确定性（徐影等，2014）。

城市化对锋面降水过程的影响最为明显，使得锋面系统提前达到城区并延缓了锋面在城区的移动，最终导致城区及其边缘地区的降水时间延长1小时。另外，随着城市的扩张，总降水量超过250毫米以及强度超过40毫米每小时的降水出现的频率随之增长，这也使得城市内涝出现的风险增长。水利部应对气候变化研究中心据1981～2010年与1961～1980年资料对比分析，在长三角地区，城区暴雨天数增幅明显高于郊区，城区和郊区暴雨日数增幅。苏州市分别为30.0%和18.0%；南京市分别为22.5%和11.0%；宁波市分别为32.0%和2.0%。在全球变化的大背景下，随着中国城镇化的快速发展，城市洪涝灾害问题日趋严重，成为制约经济社会持续健康发展的突出瓶颈（袁艺等，2003）。城市化和人类活动引起的下垫面变化，影响到流域的产流汇流机制。流域的径流系数增长，汇流速度加快，加上城市的无序开发，破坏了城市的排水和除涝系统，多种因素综合作用的结果，导致城市洪涝问题越来越突出（张建云等，2016）。

五、海平面上升与沿海洪涝

中国是西太平洋海岸线最长的国家，沿海地区城市化及社会经济快速发展，人口与社会财富聚集程度位居全球前列（Mc Granahan *et al.*, 2007）。气候变化背景下沿海地区面临更高的洪涝灾害风险。近50年来，伴随中国沿海海平面上升和潮差的增大，河口地区和海岸带地区的海水入侵加剧，异常高海平面和地下水位下降导致海水入侵程度增大，沿海地区淡水资源遭到严重影响，土壤盐渍化制约了土地资源的有效利用，海岸侵蚀的程度、海水（咸潮）入侵及其对滨海湿地生境的影响加重。近几十年来，海平面上升叠加台风—风暴潮引起的沿海的极值水位重现期缩短，并导致沿海水利和港口等工程设施的设计标准降低，严重影响了沿海地区防洪排涝能力，从而加剧了滨海城市洪涝灾害风险。

在海平面上升的背景下，由台风、风暴潮、极端降水和径流叠加影响下的滨海城市洪涝危险性显著增长。中国风暴潮灾害整体格局为北部沿海地区风暴潮灾害相对较弱，东南沿海地区风暴潮灾害显著较强（冯爱青等，2016）。近50年来，东南部沿海地区风暴潮灾害的发生频率较高，受灾人员较多，直接经济损失十分严重，灾害危险性及受灾程度显著高于北部海岸。中国的城镇化速度很快，人口向海迁移现象严重，沿海低地城市人口和财富高度聚集，面临淹没风险的可能性很大（Nicholls et al., 2010）。

至21世纪末期，中国沿海的极值水位增长速率将达2.0～14.1毫米每年（Feng et al., 2014）。随着海平面上升，极值水位出现的重现期将显著缩短。研究表明，由于海平面上升，至2050年，百年一遇的极值水位的重现期将变为10～30年一遇；至2100年，千年一遇的极值水位重现期将缩短为十年一遇（Wu et al., 2016）。中国30%以上的海岸地区被评估为高脆弱性区域（Yin et al., 2012），是世界上暴露于淹没风险人口最多的国家（Neumann et al., 2015）。通过评估百年一遇重现期的淹没风险，广州、深圳、天津的风险程度位于全球前20位，海洋水位的上升造成巨大的平均年损失（Hallegatte et al., 2013）。综合考虑海平面上升、地壳垂直运动及潮位数据，预测未来30年，上海市局部区域淹没深度可达3.0米以上，全市25%的海塘和防汛墙将存在漫堤危险（Yin et al., 2011，宋城城等，2014）。山东沿渤海湾地区至2100年，百年一遇潮位淹没范围向陆推进距离约为240～800米，人口及社会经济将受严重影响（龙飞鸿等，2015）。在未考虑海岸设防条件下，RCP 8.5情景至2050年中国沿海地区100年一遇洪水风险暴露总面积约为10万平方千米（海平面上升约25cm），较2010年增长约1.5万平方千米；在2050年SSP5发展路径下，暴露在风险区的人口最多可超过1亿人，GDP最多可损失超过32万亿元。

六、生态系统

气候变化情景下的近期气候变化对中国生态系统的影响不大，但中、远期气候变化对生态系统的负面影响较大。未来气候情景下，84%的中国植被变化表现为正向的变化，特别是西北地区的植被覆盖可能有所提高；约 79%的中国植被可以适应未来气候，但青藏高原南部、内蒙古地区和西北部分地区的草地生态系统对未来气候的适应性较差，有退化倾向（於琍等，2010）。也有研究表明，未来气候变化将使中国东部地区自然生态系统的脆弱程度呈上升趋势，西部地区呈下降趋势，自然生态系统脆弱性的总体格局没有显著变化，仍呈西高东低、北高南低的特点（Zhao *et al.*, 2014）。北方农牧交错带的核心区处于中国半湿润区向半干旱区的过渡地带，气候变率较大，其风险与未来气候情景密切相关，风险范围随全球温升的增长而扩展，风险面积从近期的 98.57×10^4 平方千米扩大到远期的 165.72×10^4 平方千米，均以低风险为主；混交林、稀树草原与荒漠草原一直是北方农牧交错带较危险的生态系统；高寒草甸与常绿针叶林是较为安全的生态系统（石晓丽，2017）。由于全球气候变暖和人类活动加剧的双重影响，三江源区域的生态风险挑战十分严峻。未来重大工程中，冻土区工程的脆弱性等级较高，生态修复和林业工程脆弱性等级较低（丁一汇等，2016）。气候变化对中国生态服务安全与可持续发展将带来威胁。以生态系统服务价值为例，在中低碳排放情景（RCP 4.5）和高碳排放情景（RCP 8.5）下，未来 30 年中国森林生态系统服务总价值将分别增长 15.7%和 18.2%，且东部增幅大于西部，南部增幅高于北部；少数地区森林生态系统服务总价值下降，如新疆中部、内蒙古西部、甘肃西北部、西藏东南部以及中国东北和南方部分森林边缘地区（徐雨晴等，2018）；草地生态系统服务价值变化趋势与森林生态系统相似，分别增长 17.1%和 17.6%，仅西藏北部及新疆中部小范围内表现为减少趋势（徐雨晴等，2017）。在气候变化背景下极端气候事件频率、范围和强度可能增大。这将对生态系统服务、环境和资源安全带来严重的威胁。

全球变化背景下中国典型海洋生态系统（红树林、珊瑚礁、河口等三种生态系统）有明显变化，呈现较高的气候变化脆弱性和风险。主要表现在：中国滨海湿地面积锐减、生境退化严重和生物多样性明显下降，生态系统功能下降，滨海湿地脆弱性增长；红树林生态系统面临沿海海平面快速上升和趋于频繁的强台风等极端气候事件的威胁；过去30多年来，在气候变化和人类活动的叠加影响下，中国大陆和海南岛的近岸珊瑚礁消失了80%，而过去10～15年，南海的近海环礁和群岛的珊瑚覆盖率从60%下降到20%，人类活动可能是其主要原因，未来还将来面临海洋升温和海洋酸化的影响。在海平面上升和人类围垦活动下，河口区滨海湿地面积锐减、生境退化和生物多样性下降等，而过度捕捞、大型工程建设和生境退化导致长江口等重要河口区的海洋生物群落失去恢复力和完整性，生态系统稳定性变差。赤潮（有害藻化）生态灾害频发，水母的大量繁殖成为干扰长江口生态系统的主要类群。

第四节　中国应对气候变化直接风险的政策与实践

一、气候变化下灾害风险政策

为应对气候变化风险，中国制定和完善了相关的制度政策，并开展了一系列的行动措施，主要包括以下三个方面：

（一）气候变化下灾害风险管理制度建设

中国注重开展气候变化风险管理的制度建设，将气候变化对极端事件和灾害风险管理纳入法制化管理的轨道。制定了《自然灾害救助条例》《气象灾害防御条例》等条例，制定并完善了国家突发公共事件总体应急预案、国家专项应急预案和部门应急预案等预案体系，出台了《国家综合减灾"十一五"规划》《国家综合防灾减灾规划（2011～2015 年）》《国家气象灾害防御规划（2009～2020 年）》等灾害风险管理规划。其中，国家减灾委员会、民政部推动国家、省、地市、区县、乡镇五级自然灾害应急救助预案体系建设，对自然灾害救助启动条件、组织指挥体系及职责任务、应急准备、预警预报与信息管理、应急响应、灾后救助与恢复重建等内容，做出了明确规定；气象部门制定了各级气象灾害应急预案，对气象灾害监测预警、应急处置、恢复与重建、应急保障等内容做出了详细规定。

（二）气候变化下灾害风险管理与适应能力建设

为增强中国的灾害防御能力，中国从适应建设着手，采取了一系列行动措施。主要包括以下三个方面：（1）开展了极端天气气候事件和灾害监测预警能力建设。包括地面监测、海洋海底观测和天一空一地观测在内的极端事件与自然灾害立体监测体系。国家各级灾害监测预警预报体系已初步形成。成功发射风云二号、三号、四号卫星。卫星减灾应用业务系统初步建立，为灾害遥感监测、评估和决策提供先进技术支持。改进了气象、水文、地质、农业、林业、海洋、环境等各类自然灾害监测站网和预警预报系统。天气和自动气象观测系统建设初具规模。山洪、地质灾害综合防范体系进一步完善。台风早期预警水平得到提高。（2）开展了灾害风险防御工程建设。近年来，国家实施了防汛抗旱、危房改造、公路灾害防治等重大灾害风险防御工程。大江大河的防洪能力提高。重点防洪保护区基本达到规定的防洪标准。人口密集区、大中城市及国家重大工程建设区的地质灾害隐患点得到初步治理。中小学危房改造工程、校舍安全工程全面实施。农村困难群众危房改造工程扎实推进。（3）开展了灾害应急救灾和灾后恢复重建能力建设。以应急指挥、抢险救援、灾害救助、恢复重建等为主要内容的救灾应急体系初步建立。应急救援、运输保障、生活救助、医疗救助、卫生防疫等应急能力大大增强。在重特大自然灾害发生后，开展灾害损失综合评估工作，为灾后恢复重建工作提供科学依据，制定重大灾害后恢复重建规划并贯彻实施，积累了丰富的经验。

（三）气候变化下灾害风险管理保障措施

中国针对气候变化下灾害风险管理过程中的预警预报、应急响应、恢复重建、减灾救灾等关键环节存在的问题，加强顶层设计、统筹布局、强化薄弱环节，逐步建立和完善国家灾害风险管理科技支撑体系。（1）加强科技应急机制建设。建立国家突发公共事件科技应急机制，明确科技应急体系的建设、科技支撑能力建设、应急技术应用与示范等环节的工作机制和部署安排。在国家重大科技项目中，资助开展了减灾救灾及气候变化风险应对等重点、难点问题的攻关、应用与示范。（2）加强灾害风险管理人才培养体系建设。国家人才队伍建设发展规划中涵盖了防灾减灾人才队伍建设，国民教育体系和培训平台逐步建立，对各类人群针对性地开展应急救援能力培训。（3）加强灾害风险管理宣传教育体系建设，提高全民防灾减灾意识。在学校、社区等开展形式多样的宣传教育及演练活动，发展全社会提高综合风险减灾能力。

二、水资源领域

应对水资源短缺，尤其是改善极端缺水地区人居水环境条件是重要工作。未来随着温度的升高，水循环的加快，缺水人口约为 3.2 亿～3.5 亿。中国缺水人口空间分布差异大，东北地区的缺水人口呈现明显下降，而华北地区的缺水人口呈增长趋势。经综合分析，应科学认识气候变化条件下水资源面临的问题，采取科学的适应策略，加强水资源管理和高效利用，增强水资源综合调控和管理能力，努力将气候变化的负面影响降到最低，并充分利用和发挥气候变化的正面效应（刘燕华等，2013；何霄嘉等，2017）。

（一）建立节水型社会

建立节水型社会是解决水资源供需矛盾最重要的措施，也是最有效的抓手和手段之一。全面建立节水型社会，涉及国民经济的各个行业，包括生产、生活、生态环境的各个环境。中国农业用水占70%。农业节水是建立节水型社会的关键和重点。推进节约用水和高效节水灌溉，加快实施大中型灌区续建配套和节水改造，大力发展有效灌溉面积。结合农业种植结构调整，大力发展节水型设施农业和旱作农业，完善节水灌溉技术服务体系，积极研发质优价廉的节水灌溉技术和设备，建立完备的适应节水型社会的管理体制、政策、法律、法规，从技术、经济和制度上促进全面节水，实现水资源的高效利用，保障社会经济的可持续发展。

（二）调整产业结构，改变需水结构

调整产业结构，就是从产业布局、经济角度改变区域需水结构和总量，提高水资源的效益和效率。调整产业结构，以水定产业结构，能更好地解决供需矛盾。要更好地应对气候变化对水资源的影响，就需要建立与流域水资源承载能力相适应的经济社会需水布局。以可持续利用为目标，统筹水资源承载能力、水资源开发利用条件和工程布局等因素，研究多种用水模式下的国民经济需水方案，优化提出与水资源承载能力相适应的需水方案，建立与水资源承载能力相适应的需水布局，促进经济社会发展与水资源承载能力相协调（夏军等，2014）。在区域宏观经济布局中，应充分考虑水资源条件的制约，加大经济结构的升级改造和产业布局的优化调整，促进地区经济社会发展方式的战略转型。

（三）加强水利基础设施建设及水资源可再生利用

建设水利工程是保障供水、有效应对防汛抗旱减灾的重要载体，也是解决水资源供需矛盾的主要对策。在严格论证的基础上，加快水库、河堤、蓄滞洪区、农村五小工程等水利基础设施建设，加快南水北调等调水工程建设，科学规划，开辟水源，在水资源有潜力的地区建设必要的储水设施，增强水资源的时空调配能力，提高水资源适应气候变化的能力。应积极开发各种水资源类型，增长水资源可再生利用，缓解水资源供需矛盾，形成多元互补的良性格局（何霄嘉等，2017）。相比国外发达国家而言，中国污水处理、海水、雨水利用还有很大的空间，具有很大的潜力。加强非常规水资源利用技术，突破相关技术瓶颈，并进一步降低非常规水资源利用的成本。加快城市再生水管网等管网建设，加大城市再生水资源利用。

（四）提高防洪抗旱减灾应急能力

全球气候变化，加速了全球水循环过程，增长了与气温、降水相关的暴雨、干旱等极端天气事件发生的概率，需要实现现代化水资源管理的转变。水资源管理从开发利用为主向综合一体化管理转变，从常态管理向常态与应急结合的综合管理转变，提高防洪抗旱减灾应急能力。防洪减灾从控制洪水为主向洪水管理转变，加强监测预警能力建设，加大投入，整合资源，提高雨情汛情旱情预报水平。加强人工增雨（雪）作业示范区建设，科学开发利用空中云水资源。基本完成重点中小河流重要河段治理，全面完成小型水库除险加固和山洪灾害易发区预警预报系统建设，基本建成防洪抗旱减灾体系，重点城市和防洪保护区防洪能力明显提高，抗旱能力显著增强，提高防洪抗旱减灾应急能力。

三、农业

气候变暖背景下中国农业干旱灾害发展呈面积增大和频率加快趋势，且北方旱灾影响明显高于南方。冬小麦涝渍呈增长趋势且生育后期灾害强度增长更明显；水稻高温热害增长趋势明显且重度灾害显著增长，低温冷害总体呈减少态势，但近30年低温阴雨呈增长趋势；霜冻害总体呈减少趋势但局部有加重趋势。农业气象灾害的演变趋势、强度和类型已经发生显著变化，已经使得当前针对农业气象灾害开展种植制度调整的避灾农业面临二次避灾风险，严重威胁国家粮食安全、生态文明建设和精准扶贫。

为此，迫切需要从国家长期发展的战略高度重视和强化农业应对气候变化的政策与实践，主要包括：（1）调整种植区划与作物布局。如调整作物播种期和熟制界限，优化作物结构与品种布局，提高气候和耕地资源利用效率等。（2）构建防灾减灾农作制度。建立农业气象灾害和生物灾害的防控技术体系，建立区域资源高效利用、节能减排、土壤增碳等防灾减灾农作制度。（3）建立作物节能减排与固碳的栽培耕作技术体系。如选育低碳作物品种，推广低碳种植模式，推广病虫害低碳防治技术，提高秸秆还田综合利用率等。（4）提高作物种质资源利用与新品种选育技术。选育作物抗逆稳产新品种，提高作物种质资源多样性保护与开发利用技术。（5）加强农田水利设施与生态环境建设。加大农业投入，不断加强农田基本建设，积极推进区域农业生态建设和农田生态环境改善，完善江河湖泊防洪工程和防洪减灾体系，加大农田防护林建设力度，优化灌溉管理系统，提高农业抗御自然灾害的能力。

四、沿海地区

围绕沿海地区加强适应气候变化的战略与防御灾害风险的重点任务，中国正在发展和集成符合中国国情的海岸带气候变化适应技术框架（刘燕华等，2013）。沿海地区的气候变化风险应对主要包括：（1）定量化评估沿海地区气候变化的风险是研究适应的前提，可使国家、部门及民众充分认识以应对未来沿海地区气候变化的风险。（2）定量分析沿海地区的抗灾减灾能力。目前沿海地区减灾能力区域差异显著，上海、广州等地的减灾能力相对较强，而其他地区相对较弱。（3）科学设定减灾目标，确定适应层面、时效及程度。减灾适应目标不仅要考虑国家层面，还应制定区域层面目标。减灾时效目标分为长期、中期及近期目标。减灾程度目标应以适度适应为原则，谨防过度适应及适应不足。（4）综合沿海灾害风险与当前的减灾能力，通过量化减灾能力的不足，加强减灾适应能力建设。

中国为适应沿海地区的气候变化风险，在预警应急响应、工程防御及政策法规等能力建设方面不断加强。一是健全观测、预警机制。目前，中国已经初步形成立体海洋观测网和海洋观测数据传输网，现已建设由国家到县区的逐级预警服务体系，搭建了较为完整的海洋灾害观测预报网络，正在逐步完善和提高气候变化条件下的灾害预警能力；同时，进一步健全完善了风暴潮灾害应急预案体系和响应机制，全面提高沿海地区的防御灾害能力。二是建设海岸防护工程，包括：（1）针对气候变化将加剧风暴潮灾害的风险，对重点防护地区提高海堤等防御标准，沿海地区大部分堤防都已经达到或接近50年一遇防护标准，其中天津市等沿海重点城市已建设成百年一遇高标准防护堤坝，而风险较大的上海市防护堤由百年一遇提高到千年一遇。（2）建设生物护岸工程等低成本高效益、无生态危害的可持续生态防御措施，可起到护滩、护堤和促淤等海岸防护作用（Temmerman *et al.*, 2013）。目前，中国部分地区已建有生态防洪防灾工程，如上海、江苏及黄河三角洲沿海，有效地减轻了海岸的侵蚀并达到良好的效果。（3）健全气候变化适应的政策法规。中国海洋部门相继出台了《关于海洋领域应对气候变化有关工作的意见》《海洋灾害应急预案》等一系列方案（仇天宇，2010），制定了较为科学合理的应对海洋灾害（包括风暴潮）的程序与标准，进而为相关管理部门应对极端的海洋灾害提供科学依据与参考。为改善海洋环境和加强资源保护，并有效地遏制海洋资源过度开发。中国在近年来陆续颁发及修订了相关法律法规（如《海洋环境保护法》等）。

第五节　结论与政策建议

一、结论

全球气候变化对生态系统和经济社会产生广泛影响。通过逐步和长期的探索，人们更加深刻地认识到了气候变化的风险。根据大量文献的研究结果，梳理了气候变化的风险理论，系统地总结了气候变化直接风险的概念和特征。基于气候变化风险的理论框架，从危险性、脆弱性、暴露度三个方面综述了评估方法及其适用性。密切关注全球和中国的气候变化风险，重点分析了气候变化对其极端事件、水资源、农业、河流洪水、沿海洪涝和生态系统的直接风险。综合分析发现，气候变化的影响总体上呈现出负面趋势，整体表现为弊大于利，而且进一步变暖将加剧对中国的风险，在某些敏感领域和关键地区表现更为突出。

就全球而言，随着全球温度升高，极端天气频率将持续增长。气候变化将改变全球水循环的现状，重新分配全球水资源的时空分布，水资源受限区域的风险将更加突出，河流洪水的区域性及概率性将发生变化。海平面上升将严重加剧沿海地区的洪涝灾害风险。三角洲等沿海低地和岛屿地区淹没风险较高。气候变化将改变生态系统的格局，增长生态系统的脆弱性。研究结果，全球温升控制在 1.5 摄氏度较 2 摄氏度时气候变化的直接风险将显著降低。在中国，极端事件的频繁发生将显著影响能源、交通及旅游等行业。西北和华北地区的水资源风险突出，华北地区的农业风险可能较高，西北地区的生态系统和冰冻圈风险较高。目前，中国为应对气候变化的直接风险，在重点领域及相关行业采取了一系列政策措施并取得初步成效。

二、政策建议

气候变化的风险是全球面临的共同挑战。中国遭受的气候变化风险等级处于全球较高水平。气候变化不利影响已深入经济社会系统。习近平总书记指出，应对气候变化不是别人要我们做，而是我们自己要做。中国积极推动全球绿色、低碳、可持续发展，推动构建人类命运共同体。近年来围绕《国家适应气候变化战略》，中国在多个领域开展气候变化适应工作，取得积极进展。

（1）重视并提高中国适应气候变化特别是应对极端天气和高影响气候事件能力。近年来中国适应气候变化特别是应对极端灾害的能力得到明显提高，因灾死亡人数和直接经济损失占国内生产总值的比例呈明显下降趋势。但是，由于目前中国正处于快速城市化进程中，人口和财富的进一步集中以及一定程度上存在的无序建设等情况，将加剧极端气候灾害的风险。为进一步提升应对极端天气和高影响气候事件能力，需更新《国家适应气候变化战略》，将应对极端气候灾害作为适应气候变化的核心内容，强化极端气候灾害风险防范措施，进一步提升极端天气气候事件的精密监测和精准预测能力，加强气象灾害风险管理。开展生态和环境气象服务，开展重点区域、特色产业的气候变化影响评估，加强与极端气候事件和灾害相关的农业、水资源、生态和健康等方面的风险应对，研究提出适应气候变化的相关措施，提高社会经济系统韧性。

（2）提升灾害风险应对能力，开展重点区域防灾减灾应用示范、技术推广。统筹国家及地方相关部门、科研院所和高校系统的资源优势，发挥多部门联动机制，根据防灾减灾救灾日常业务需求，开展灾害风险应对中的关键技术研究，持续推动最新技术成果应用于日常自然灾害应对业务系统，强化服务领域拓展，提升精细服务能力；利用多学科交叉和综合研究手段和方法，进一步开展灾害变化的状态、过程和驱动因子研究，评估气候变化对区域生态环境和重大工程建设的影响和风险，提高对灾害风险的防御能力；在自然灾害高发区和高风险区、连片贫困地区、重大战略实施区等开展自然灾害风险评估及风险区划，推动灾害风险评估及区划标准化、制度化，并进行应用示范、技术推广。

（3）加强气候变化和自然灾害的基础研究与科学评估，进一步提高对气候与环境变化科学评估的准确性，降低并量化科学不确定性，提高对气候和环境要素监测的时空分辨率。加强未来减排情景设定、全球气候模式研究，采用新的技术手段和方法开发精细化气候变化预估模式，提高长期气候、水文等综合系统模拟预估能力，强化气候变化对暴雨、洪水、干旱、地质灾害等主要灾害及组合特征的影响评估，在更好地理解和模拟气候与环境变化的基础上，进一步提高对气候与环境要素演变、灾害风险等方面的预测和预估能力，满足政策和决策制定对气候预测和气候变化预估准确性与可靠性的要求，为适应气候变化、降低灾害风险提供科学支撑。

参考文献

Adachi S.A., S. Nishizawa, R. Yoshida, *et al.*, 2017. Contributions of changes in climatology and perturbation and the resulting nonlinearity to regional climate change. *Nature Communication*, 8.

Adhikari P., Y. Hong, K.R. Douglas, *et al.*, 2010. A digitized global flood inventory (1998-2008): compilation and preliminary results. *Natural Hazards*, 55(2).

Alfieri L, B. Bisselink, F. Dottori, *et al.*, 2016. Global projections of river flood risk in a warmer world. *Earths Future*, 25 (2).

Alfieri L, L. Feyen, F. Dottori, *et al.*, 2015. Ensemble flood risk assessment in Europe under high climate scenarios. *Global Environmental Change*, 35.

Anderson K., A. Strutt, 2014. Food security policy options for China: Lessons from other countries. *Food Policy*, 49.

Arnell, N. W., J. A. Lowe, D. Bernie, *et al.*, 2019. The global and regional impacts of climate change under representative concentration pathway forcings and shared socioeconomic pathway socioeconomic scenarios. Environmental *Research Letters*, 14(8).

Blöschl G., J. Hall, A. Viglione, *et al.*, 2019. Changing climate both increases and decreases European river floods. *Nature*, 573(7772).

Boettle M., D. Rybski and J.P. Kropp, 2013. How changing sea level extremes and protection measures alter coastal flood damages. *Water Resource.* 49(3).

Cai J, M. Kummu, V. Niva, *et al.*, 2018. Exposure and resilience of China's cities to floods and droughts: a double-edged sword. *International Journal of Water Resources Development*, 34(4).

Chen H, J. Sun, 2017. Characterizing present and future drought changes over eastern China. *International Journal of Climatology*, 37.

Chen Y.M., W.R. Huang and S.D. Xu, 2014. Frequency analysis of extreme water levels affected by sea-level rise in east and southeast coasts of China. *Journal of Coastal Resource*, 68.

Cohn A.S., L.K. VanWey, S.A. Spera, *et al.*, 2016. Cropping frequency and area response to climate variability can exceed yield response. *Nature Climate Change*, 6(6).

Committee on Climate Change and China Expert Panel on Climate Change, 2018. UK-China cooperation on climate change risk assessment: Developing indicators of climate risk.

Cramer W., A. Bondeau, F.I. Woodward, *et al.*, 2001. Global response of terrestrial ecosystem structure and function to CO_2 and climate change: results from six dynamic global vegetation models. *Global Change Biology*, 7(4).

CRED, UNISDR, 2015. The human cost of weather related disasters: 1995-2015. *Technical Reports*.

Dasgupta S., B. Laplante, C. Meisner, *et al.*, 2009. The impact of sea level rise on developing countries: a comparative analysis. *Climatic Change*, 93(3-4).

Dutton A., A. Carlson, A. Long, *et al.*, 2015. Sea-level rise due to polar ice-sheet mass loss during past warm periods. *Science*, 349(6244).

Eyring V., P.M. Cox, G.M. Flato, *et al.*, 2019. Taking climate model evaluation to the next level. *Nature Climate Change*, 9(2).

FEMA, 2015. HAZUS-MH flood model: Technical manual. Federal Emergency Management Agency.

Feng A., Q. Chao, 2020. An overview of assessment methods and analysis for climate change risk in China, *Physics and Chemistry of the Earth*.

Feng X., M. N. Tsimplis. 2014. Sea level extremes at the coasts of China. *Journal of Geophysical Research: Oceans*, 119(3).

Gosling S.N., N.W. Arnell., 2016. A global assessment of the impact of climate change on water scarcity. *Climatic Change*, 134(3).

Guneralp B., I. Guneralp, Y. Liu, 2015. Changing global patterns of urban exposure to flood and drought hazards. *Global Environmental Change-Human and Policy Dimensions*, 31.

Guo X. J., J. B. Huang, Y Luo, *et al.*, 2016. Projection of heat waves over China for eight different global warming targets using 12 CMIP5 models. *Theoretical and Applied Climatology*, 128 (3-4).

Hallegatte S., C. Green, R. J. Nicholls, *et al.*, 2013. Future flood losses in major coastal cities. *Nature Climate Change*, 3(9).

Hinkel J., Lincke D., Vafeidis A. T., *et al.*, 2014. Coastal flood damage and adaptation costs under 21st century sea-level rise. *Proceedings of the National Academy of Sciences*, 111(9).

Hirabayashi Y., R. Mahendran, S. Koirala, *et al.*, 2013. Global flood risk under climate change. *Nature Climate Change*, 3(9).

Huang J., J. Zhai, T. Jiang, *et al.*, 2018. Analysis of future drought characteristics in China using the regional climate model CCLM. *Climate Dynamics*, Vol. 50(1-2).

IPCC, 2001. The Third Assessment Report Climate change 2001: Synthesis Report.

IPCC, 2007. The Fourth Assessment Report Climate change 2007: Synthesis Report.

IPCC, 2014. *Climate change 2014: Impacts, adaptation, and vulnerability. Part A: Global and sectoral aspects: Working group II contribution to the IPCC fifth assessment report.* Cambridge University Press.

IPCC. 2019. Summary for Policymakers. In: IPCC Special Report on the Ocean and Cryosphere in a Changing Climate [Pörtner H O, Roberts D C, Masson-Delmotte V, *et al.*(eds)].In Press.

Jahanbaksh Asl S., A. M. Khorshiddoust, Y. Dinpashoh, *et al.*, 2013. Frequency analysis of climate extreme events in Zanjan, Iran. *Stochastic Environmental Research and Risk Assessment*, 27(7).

James R., R. Washington, 2013. Changes in African temperature and precipitation associated with degrees of global warming. *Climatic Change*, 117 (4).

Johnson D.P., A. Stanforth, V. Lulla, Luber G., 2012. Developing an applied extreme heat vulnerability index utilizing socioeconomic and environmental data. *Applied Geography*,

35(1-2).

Jonkman S., J. Vrijling, 2008. Loss of life due to floods. *Journal of Flood Risk Management*, 1(1).

Karl T.R., R.W. Knight, 1998. Secular trends of precipitation amount, frequency, and intensity in the United States. *Bulletin of the American Meteorological society*, 79(2).

Knutti R., J. Rogelj, J. Sedláček, *et al.*, 2015. A scientific critique of the two-degree climate change target. *Nature Geoscience*, 9 (1).

Levermann A., P. U. Clark, B. Marzeion, *et al.*, 2013. The multimillennial sea-level commitment of global warming. *Proceedings of the National Academy of Sciences*, 110(34).

Le Cozannet G., J. C. Manceau and J Rohmer, 2017. Bounding probabilistic sea-level projections within the framework of the possibility theory. *Environmental Research Letters*, 2017.

Li, J., L.Yang, H. Long, 2018. Climatic impacts on energy consumption: Intensive and extensive margins. *Energy Econ.* 71.

Marsooli R., N. Lin, K. Emanuel, *et al.*, 2019. Climate change exacerbates hurricane flood hazards along US Atlantic and Gulf Coasts in spatially varying patterns. *Nature Commuication.* 10.

Marx A., R. Kumar, S. Thober, *et al.*, 2018. Climate change alters low flows in Europe under global warming of 1.5, 2, and 3℃. *Hydrology and Earth System Sciences*, 22 (2).

Mazdiyasni O., M.Sadegh, F.Chiang, *et al.*, 2019. Heat wave intensity duration frequency curve: A multivariate approach for hazard and attribution analysis. *Science.* Rep-UK 9.

McGranahan G., D. Balk, B. Anderson, 2007. The rising tide: assessing the risks of climate change and human settlements in low elevation coastal zones. *Environment and Urbanization*, 19(1).

Meng F.C., M.C. Li, J.F.Cao, *et al.*, 2018. The effects of climate change on heating energy consumption of office buildings in different climate zones in China. *Theoretical and Applied Climatology*, 133.

Mokrech M., R. J. Nicholls, R. J. Dawson, 2012. Scenarios of future built environment for coastal risk assessment of climate change using a GIS-based multicriteria analysis. *Environment Planning B*, 39(1).

NCEI, 2016. Billion-dollar weather and climate disasters. Accessed 31 October 2016. [Available online at www.ncdc.noaa.gov/billions.]

Nelson G.C., H.Valin, R.D.Sands, *et al.*, 2014. Climate change effects on agriculture: Economic responses to biophysical shocks. *P. Natl. Acad.* Sci. 111(9).

Neumann B., A. T. Vafeidis, J. Zimmermann, *et al.*, 2015. Future Coastal Population Growth and Exposure to Sea-Level Rise and Coastal Flooding - A Global Assessment. *PloS one*, 10(3).

Nicholls R. J., A. Cazenave. 2010. Sea-Level Rise and Its Impact on Coastal Zones. *Science*, 328(5985).

O'Neill B.C., E.Kriegler, K.Riahi, *et al.*, 2014. A new scenario framework for climate change research: the concept of shared socioeconomic pathways. *Climatic Change*, 122(3).

Papathoma-Köhle M., M. Schlögl and S. Fuchs, 2019. Vulnerability indicators for natural hazards: an innovative selection and weighting approach. *Scientific Reports*, 9(1).

Sarhadi A., E.D. Soulis, 2017. Time-varying extreme rainfall intensity-duration-frequency curves in a changing climate. *Geophysic Resource Letter*, 44(5).

Schleussner C. F., T. K. Lissner, E M Fischer, *et al.*, 2016. Differential climateimpacts for policy-relevant limits to global warming: the case of 1.5℃ and2 ℃ . *Earth System Dynamics*, 6 (2).

Sitch S., C.Huntingford, N.Gedney, *et al.*, 2008. Evaluation of the terrestrial carbon cycle, future plant geography and climate-carbon cycle feedbacks using five Dynamic Global Vegetation Models (DGVMs). *Global Change Biology*, 14(9).

Strauss B. H., R. Ziemlinski, J L Weiss, *et al.*, 2012. Tidally adjusted estimates of topographic vulnerability to sea level rise and flooding for the contiguous United States. *Environmental Research Letters*, 7(1).

Su B. D., J. L. Huang, Fischer, *et al.*, 2018. Drought losses in China might double between the 1.5 degrees C and 2.0 degrees C warming. *Proceedings of the National Academy of Sciences of the United States of America*, 115(42).

Su B. D., J. L. Huang, X. F. Zeng, *et al.*, 2016. Impacts of climate change on streamflow in the upper Yangtze River basin. *Climatic Change*.

Syvitski J. P., Kettner A. J., Overeem I., *et al.*, 2009. Sinking deltas due to human activities. *Nature Geoscience*, 2(10).

Temmerman S., P. Meire, T. J. Bouma, *et al.*, 2013. Ecosystem-based coastal defence in the face of global change. *Nature*, 504.

Van Vuuren D.P., K. Riahi, R. Moss, *et al.*, 2012. A proposal for a new scenario framework to support research and assessment in different climate research communities. *Global Environment Change*. 22(1).

Vousdoukas M. I., L. Mentaschi, E. Voukouvalas, *et al.*, 2018. Climatic and socioeconomic controls of future coastal flood risk in Europe. *Nature Climate Change*, 8 (9).

Wahl T., D. Haigh I, R. J. Nicholls, *et al.*，2017. Understanding extreme sea levels for broad-scale coastal impact and adaptation analysis. *Nature Communications*, 8.

Walton T.L., 2000. Distributions for storm surge extremes. *Ocean Engineer,* 27(12).

Wang Q., Y.-y. Liu, Y.-z Zhang., *et al.*, 2019b. Assessment of spatial agglomeration of agricultural drought disaster in China from 1978 to 2016. *Scientific reports*, 9(1).

Wang R., J.Q. Zhang, E.L. Guo, *et al.*, 2019a. Integrated drought risk assessment of multi-hazard-affected bodies based on copulas in the Taoerhe Basin, China. *Theoretical and Applied Climatology*. 135(1-2).

Wang Y., W. Zhao, Q. Zhang, *et al.*, 2019c. Characteristics of drought vulnerability for maize in the eastern part of Northwest China. *Scientific Reports*, 9(1).

Winsemius H. C., J. C. J. H. Aerts, L. P. H. van Beek, *et al.*, 2016. Global drivers of future river flood risk. *Nature Climate Change*, 6(4).

Wu S.H., A.Q. Feng, J.B. Gao, *et al.*, 2017. Shortening the recurrence periods of extreme water levels under future sea-level rise. *Stoch. Env. Res. Risk A*. 31(10).

Yin J., Z. Yin, J. Wang, *et al.*, 2012. National assessment of coastal vulnerability to sea-level rise for the Chinese coast. *Journal of Coastal Conservation*, 16(1).

Yin J., Z-e Yin, X-m Hu, *et al.*, 2011. Multiple scenario analyses forecasting the confounding impacts of sea level rise and tides from storm induced coastal flooding in the city of Shanghai, China. *Environmental earth sciences*, 63(2).

Yin Y., Q. Tang and X. Liu, 2015. A multi-model analysis of change in potential yield of major crops in China under climate change. *Earth System Dynamic*, 6(1).

Yuan Z., D. Yan, Z. Yang, *et al.*, 2016. Projection of surface water resources in the context of climate change in typical regions of China. *Hydrological Sciences Journal*, 62(2).

Zhai J.Q., J.L. Huang, B.D. Su, *et al.*, 2017. Intensity-area-duration analysis of droughts in China 1960-2013. *Climate. Dynamic.*, 48(1-2).

Zhou X., Z. Bai and Y. Yang, 2017. Linking trends in urban extreme rainfall to urban flooding in China. *International* Journal of Climatology, 37(13).

Zscheischler J., S. Westra, B.J.J.M. van den Hurk, *et al.*, 2018. Future climate risk from compound events. *Nature. Climate. Change*, 8(6).

曹诗嘉、方伟华、谭骏：“基于海南省“威马逊”及“海鸥”台风次生海岸洪水灾后问卷调查的室内财产脆弱性研究”，《灾害学》，2016 年第 2 期。

巢清尘、刘昌义、袁佳双：“气候变化影响和适应认知的演进及对气候政策的影响”，《气候变化研究进展》，2014 年第 3 期。

陈晓晨、徐影、姚遥：“不同升温阈值下中国地区极端气候事件变化预估”，《大气科学》，

2015 年第 6 期。

丁一汇、杜祥琬：《第三次气候变化国家评估报告》特别报告：气候变化对中国重大工程的影响与对策研究，科学出版社，2016 年。

冯爱青、高江波、吴绍洪等："气候变化背景下中国风暴潮灾害风险及适应对策研究进展"，《地理科学进展》，2016 年第 11 期。

高江波、焦珂伟、吴绍洪等："气候变化影响与风险研究的理论范式和方法体系"，《生态学报》，2017 年第 7 期。

何霄嘉："黄河水资源适应气候变化的策略研究"，《人民黄河》，2017 年第 8 期。

李红梅、李林："2℃全球变暖背景下青藏高原平均气候和极端气候事件变化"，《气候变化研究进展》，2015 年第 3 期。

刘燕华、钱凤魁、王文涛等："应对气候变化的适应技术框架研究"，《中国人口·资源与环境》，2013 年第 5 期。

龙飞鸿、石学法、罗新正："海平面上升对山东沿渤海湾地区百年一遇风暴潮淹没范围的影响预测"，《海洋环境科学》，2015 年第 2 期。

马树庆、王琪、王春乙等："东北地区水稻冷害气候变化风险度和经济脆弱度及其分区研究"，《地理研究》，2011 年第 5 期。

莫婉媚、方伟华："浙江省余姚市室内财产洪水脆弱性曲线——基于台风菲特(201323)灾后问卷调查"，《热带地理》，2016 年第 4 期。

秦大河等：《中国极端天气气候事件和灾害风险管理与适应国家评估报告》，科学出版社，2015 年。

盛绍学、霍治国、石磊："江淮地区小麦涝渍灾害风险评估与区划"，《生态学杂志》，2015年第 5 期。

宋城城、李梦雅、王军等："基于复合情景的上海台风风暴潮灾害危险性模拟及其空间应对"，《地理科学进展》，2014 年第 12 期。

王安乾、苏布达、王艳君等："全球升温 1.5℃与 2.0℃情景下中国极端低温事件变化与耕地暴露度研究"，《气象学报》，2017 年第 3 期。

王春乙、姚蓬娟、张继权等："长江中下游地区双季早稻冷害、热害综合风险评价"，《中国农业科学》，2016 年第 13 期。

王志强、方伟华、史培军等："基于自然脆弱性的中国典型小麦旱灾风险评价"，《干旱区研究》，2010 年第 1 期。

夏军、彭少明、王超等："气候变化对黄河水资源的影响及其适应性管理"，《人民黄河》，2014 年第 10 期。

徐影、张冰、周波涛等："基于 CMIP5 模式的中国地区未来洪涝灾害风险变化预估"，《气候变化研究进展》，2014 年第 4 期。

徐影：《中国未来极端气候事件变化预估图集》，中国气象出版社，2015 年。

徐雨晴、於琍、周波涛等："气候变化背景下未来中国草地生态系统服务价值时空动态格局"，《生态环境学报》，2017 年第 10 期。

徐雨晴、周波涛、於琍等："气候变化背景下中国未来森林生态系统服务价值的时空特征"，《生态学报》，2018 年第 6 期。

薛昌颖、张弘、刘荣花："黄淮海地区夏玉米生长季的干旱风险"，《应用生态学报》，2016 年第 5 期。

尹占娥："城市自然灾害风险评估与实证研究"（博士论文），华东师范大学，2009 年。

袁潇晨："气候变化风险评估方法及其应用研究"（博士论文），北京理工大学，2016 年。

袁艺、史培军、刘颖慧等："土地利用变化对城市洪涝灾害的影响"，《自然灾害学报》，2003 年第 3 期。

张存杰、王胜、宋艳玲等："中国北方地区冬小麦干旱灾害风险评估"，《干旱气象》，2014 年第 6 期。

张建云、王银堂、贺瑞敏等："中国城市洪涝问题及成因分析"，《水科学进展》，2016 年第 4 期。

张蕾、霍治国、王丽等："气候变化对中国农作物虫害发生的影响"，《生态学杂志》，2012 年第 6 期。

张丽文、王秀珍、李秀芬："基于综合赋权分析的东北水稻低温冷害风险评估及区划研究"，《自然灾害学报》，2014 年第 2 期。

张莉、丁一汇、吴统文等："CMIP5 模式对 21 世纪全球和中国年平均地表气温变化和 2℃升温阈值的预估"，《气象学报》，2013 年第 6 期。

仇天宇："中国海洋领域适应气候变化的政策与行动"，《海洋预报》，2010 年第 4 期。

赵俊晔、张峭："中国玉米自然灾害风险区识别研究"，《自然灾害学报》，2013 年第 1 期。

中英气候变化专家委员会：《中—英合作气候变化风险评估：气候变化风险指标研究》，中国环境出版集团，2019 年。

第三章　气候变化间接风险评估

第一节　引言及核心概念

本报告所指的气候变化间接风险（Climate Change Indirect Risks）是指"气候变化与复杂人类系统交互影响引发的风险[①]"，其中包括：（1）气候变化对人类社会经济活动可能造成的潜在不利影响；（2）气候变化对人类系统可能造成的系统性风险（Systemic Risks）。上述风险可能包括：经济风险、社会风险、国土安全风险、生态风险等。

气候变化间接风险尤其是系统性风险的评估具有很多不确定性，由于间接风险的研究对象更加复杂，对风险机制的理论与方法研究还有待进一步提升和深入。从评估方法来看，依据 IPCC 气候变化风险的评估框架，我们将目前国内外的各种评估方法分为以下几种途径：（1）基于致灾危险性的风险评估方法；（2）基于影响评估的间接风险评估方法；（3）基于脆弱性指标阈值的间接风险评估方法。（4）风险评估的综合方法等。

系统性风险是间接风险中具有链发效应（Cascading Effect）、环境蠕变效

[①] 原文为 "The risks arising from the interaction of climate change with complex human system"。本报告的主要概念及方法学引自：中国国家气候变化专家委员会、英国气候变化委员会：《中—英合作气候变化风险评估——气候变化风险指标研究》，北京:中国环境出版集团，2019 年。

应（Creeping Effect）且容易经过系统内部要素传导引发系统失灵甚至崩溃的风险类型，主要包括两类主要风险：（1）突发性、小概率—高影响的系统性风险（黑天鹅事件）；（2）渐进性、大概率—高影响的系统性风险（灰犀牛事件）。本章以中国为例，结合《第三次气候变化国家评估报告》《中—英合作气候变化风险报告》的主要结论，分析了未来中长期可能影响中国国计民生、对外发展的典型案例。包括：（1）气候变化背景下冰川融雪引发的西部地区水安全风险；（2）沿海城市海平面上升及暴雨洪涝引发的城市安全风险；（3）长期干旱化或极端天气气候灾害可能导致西部地区的气候贫困及移民风险；（4）气候变化引发的人类健康风险，如高温热浪、雾霾等导致的疾病及超额死亡风险等。此外，气候变化背景下，中国的水安全、粮食安全、能源安全、城市安全等问题可能在气候变化影响下进一步复杂化或交织出现，需要密切予以关注，加强前瞻性的防范，避免出现极端或突发气候变化灾害引发系统性的、多重风险叠加放大的最坏情景。

一、风险现状及影响

风险是不利事件发生的可能性及其后果的组合。气候变化风险是指气候变化对自然系统和社会经济系统可能造成的潜在不利影响，主要体现为气候变化引发的极端天气/气候事件（如高温、强降雨、台风等）和长期气候变率变化（干旱化、持续升温、海平面上升等）（IPCC，2012）。联合国《气候变化框架公约》（UNFCCC）第二条点明确其成立的宗旨是"防范人类活动可能对气候系统造成的不可逆危险"。对此，制定气候决策首先需要了解气候变化可能导致的"危险水平"；其次对各种危险所引发的社会福利影响进行评估；第三是设计最适当的政策手段（包括减排和适应）以避免和应对潜在风险（郑艳等，2016）。

通过建立气候—经济综合评估模型（Integrated Aessment Model）以评估

全球气候变化的经济成本，经济学家分析何为"可接受的/可容忍的"风险，为全球减排行动提供参考（Dow *et al.*，2013）。评估经济风险是指气候变化可能导致的社会经济损失。气候变化的经济风险包括气候变化及相关灾害带来的直接和间接经济损失。据估算，在全球升温 1～4 摄氏度的不同情景下，气候变化的总成本和风险相当于全球每年损失 1%～5%的 GDP（Nordhaus，2014）。升温幅度越大，气候变化导致的损失和行动成本越高。

根据 IPCC 报告的评估结论，过去 100 多年全球升温 0.85 摄氏度，平均海平面上升 19 厘米，21 世纪末全球升温幅度将在 1.5 摄氏度以上；未来若全球平均温度升高 4 摄氏度（较工业革命以前），人类和社会生态系统将加速产生广泛的、严重的和不可逆的风险（IPCC，2014）。2015 年 11 月 UNFCCC 第 21 次缔约方气候变化大会通过的《巴黎协定》，将升温 2 摄氏度作为气候变化的危险水平并确立全球减排目标[①]。也就是说，如果每百年升温速率超过 2 摄氏度，就有可能超出人类系统的适应能力，造成灾难性的后果。2 摄氏度就是气候变化对人类社会的系统性风险阈值。IPCC 1.5 摄氏度特别评估报告指出，全球平均温升值从 1.5 摄氏度上升到 2 摄氏度会对自然和人类产生重大的影响，带来灾难性的边际风险，造成巨大的、不可逆的经济损失。因此，温控 1.5 摄氏度与温控 2 摄氏度的阈值论断，是全球气候变化处在"危险"和"极端危险"之间的分界线（曾维和等，2019）。

气候变化带来的自然灾害对发展中国家尤其是贫困人群的影响最大。75%的世界人口生活在自然灾害影响的地区。其中，因自然灾害导致的人员生命损失有 97%发生在发展中国家。2000～2004 年，发展中国家每年平均有 1/19 的人口受到气候灾害的影响，而在 OECD 国家，这一比例只有 1/1500。发展中国家居民面临的气候变化风险是发达国家的 79 倍（IPCC，2012）。气

---

　① 协议将"全球平均气温升高幅度控制在 2 摄氏度以内"作为目标，并将 1.5 摄氏度作为努力目标。http://unfccc.int/meetings/paris_nov_2015/in-session/items/9320.php。

候变化对于全球减贫努力将造成显著威胁。降雨减少、干旱化和极端气候事件对于绝对贫困人口的冲击最大，预计 2030 年将会新增 1 亿多气候贫困人口（WB, 2016）。由于贫困群体的市场参与度及其社会经济影响微乎其微，气候变化风险引发的社会福利影响（如贫困、移民和冲突等）常常难以量化体现在 GDP 等宏观经济指标的变化之中（WB, 2014）。

基于中国国情，适应气候变化，是中国生态文明建设和经济社会发展规划的基本要求。党的十八大报告明确提出应对全球气候变化，构建科学合理的城市化格局、农业发展格局、生态安全格局。《中国极端气候事件和灾害风险管理与适应气候变化国家评估报告》指出，在 RCP 4.5 情景下，21 世纪初期中国大部分地区 20 年一遇最高气温相比于 1986～2005 年会有 1 摄氏度左右的升高；21 世纪中期和后期，中国 20 年一遇最高气温维持升高趋势，其中长江中下游地区和黄河中下游地区有 3～4 摄氏度的升幅（秦大河等，2016）。全球升温对于中国的不同地区、行业各有不同程度的影响。总体来看，利弊共存，负面影响大于有利因素（吴绍洪等，2014）。研究表明，仅升温 0.5 摄氏度，干旱灾害给中国带来的经济损失将增长千亿元（曾维和等，2019）。根据全球气候变化风险指数[①]，近 20 年来，中国的气候变化风险在全球近 200 个国家和地区中处于高风险位置，多年位居全球前 30 位（翟建青等，2016）。针对这一现状，亟需加强气候变化风险研究，提升适应决策能力。

二、气候变化间接风险及其属性

国际风险管理理事会（International Risk Governance Council, IRGC）将风险分为以下几类：简单风险、复杂风险、不确定风险和模糊风险（如表 3–1）。

[①] 全球气候变化风险指数包括四个要素：死亡人口、10 万人死亡率、经济损失及单位 GDP 损失比例。http://germanwatch.org。

《全球灾害风险报告（2015 年）》提到了两类主要灾害风险：（1）集中型风险（Intensive Risk），低概率高致灾率，如台风灾害，主要受到灾害强度和暴露度的影响；（2）广布型灾害（Extensive Risk），高概率低损失强度，如干旱，其风险大小更多受到脆弱性（适应能力如水利基础设施、生计多样性等）的影响（GDR，2015）。气候变化引发的风险也可以参照上述界定。实际上，针对气候变化问题的特殊性，IPCC（2007）以"不确定性"分解为"信度"和"可能性"两个维度，从定量角度对气候变化风险的危险程度进行了区分。（张月鸿等，2008）

表 3-1　主要风险类别

类别	定义与特点	范例
简单风险	指那些因果关系清楚并且已达成共识的风险。但简单风险并不等同于小的和可忽略的风险，关键是其潜在的负面影响十分明显，所用的价值观是无可争议的.不确定性很低。	车祸、已知的健康风险
复杂风险	那些很难识别或者很难量化风险源和风险结果之间的因果关系，往往有大量潜在的风险因子和可能结果，可能是由风险源各个因子之间复杂的协同作用或对抗作用、风险结果对风险源的滞后、干扰变量(Intervening Variables)等引起的。	大坝风险、典型传染病
不确定风险	指那些影响因素已经明确，但其潜在的损害及其可能性未知或高度不确定，对不利影响本身或其可能性还不能准确描述的风险，由于其相关知识是不完备的，其决策的科学和技术基础缺乏清晰性，在风险评估中往往需要依靠不确定的猜想和预测。	地震、新型传染病
模糊风险	解释性模糊：指对于同一评估结果的不同解释，比如对是否有不利影响（风险）存在争议。	电磁辐射
	标准性模糊：存在风险的证据已经无可争议。但对于可容忍的或可接受的风险界限的划分还存在分歧。	转基因食物、核电

气候变化风险是第五次评估报告（第二工作组）最核心的关键词，不同于此前报告更偏重于对气候灾害因子（气候危险性）的预估和分析，尤其强调了人类系统与气候系统相互作用所产生的关键风险，并在《气候变化影响、

适应与脆弱性》中专门设立了一章讨论"新兴/突现风险和关键脆弱性"。IPCC 报告提到的这些新的风险概念，如关键风险（Key Risks）、新兴风险（Emergent Risks）、复合风险（Compond Risks）等，强调了风险分析框架三要素的同等重要性，并指出与气候变化相关的危害不仅包括极端天气气候事件，也包括其他气候自然变率或人类影响气候变化所带来的危害。风险不仅来自于气候变化本身（升温、极端天气气候事件等），同时也来自于人类社会发展和治理过程（李莹等，2014）。

（一）关键风险

关键风险指不利的气候变化和自然影响同暴露的社会生态系统的脆弱性相互作用，从而对人类和社会生态系统造成潜在的不利后果。针对联合国《气候变化框架公约》（UNFCCC）第二条"防范人类活动可能对气候系统造成的不可逆危险"，报告提出了与气候变暖及适应极限（不可逆危险）相关的五个关注理由，包括：（1）独特及濒危系统（Unique and Threatened）（生态系统和文化）；（2）（对升温敏感的）极端天气事件（Extreme Weather Events）；（3）影响分布（Distribution of Impacts），如弱势群体；（4）全球综合影响（Global Integrated Impacts）（生物多样性，经济系统等）；（5）大范围、高影响的单一事件（Large-scale Singular Events）（珊瑚礁、北极冰盖、海平面上升等）（表3–2）。判断关键风险可参照以下标准：（1）高强度、高概率或影响的不可逆性；（2）影响时效性；（3）风险的持续脆弱性或暴露度；（4）适应或减缓的局限性等（IPCC，2014）。

针对上述与"不可逆风险"紧密相关的关切议题，IPCC 提出了一系列关键风险，以期引起各国政府及国际社会的关注。其中包括：（1）沿海低地与小岛屿国家因海平面上升导致的伤亡与健康风险；（2）内陆洪水引发人口密集城市的生计与健康风险；（3）极端事件导致关键基础设施及服务中断引发的系统性风险；（4）极端高温导致城乡脆弱群体或户外暴露人群的高健康风险；（5）贫困人口遭遇粮食安全与食物供给不足的风险；（6）农业减产及水资源短缺导致的农村生计风险；（7）海洋及海岸带生态系统及渔业社区风险；（8）陆地生态系统及生态功能退化风险等（表3–2）。

表3–2　关键风险及其主要关注理由（李莹等，2014）

序号	关键风险	关注理由
1	低洼地区和小岛屿发展中国家及其他小岛屿由于风暴潮、海岸洪水和海平面上升面临的伤亡、亚健康和生计中断的风险	独特且受威胁的濒危系统，极端天气事件，影响的分布，全球综合影响和大范围、影响大的事件
2	由于内陆洪水，大量城镇人口面临的严重亚健康和生计中断的风险	极端天气事件和影响的分布
3	由于极端天气事件导致的基础设施网络和关键服务业（如电力、供水设施和健康、应急服务）中断带来的系统性风险	极端天气事件，影响的分布和全球综合影响
4	极端高温期间，城市脆弱人口以及城乡户外工作者发病和意外死亡的风险	极端天气事件和影响的分布
5	与升温、干旱、洪水、降水变率、极端事件等相关的粮食安全和食物系统中断的风险，特别是城市和农村贫困人口的粮食供应	极端天气事件，影响的分布和全球综合影响
6	由饮用和灌溉用水不足以及农业产量减少（特别是半干旱区域的农牧民）带来的农村生计问题和收入损失的风险	极端天气事件和影响的分布
7	海洋和海岸生态系统、生物多样性和沿海生态系统（特别是热带和北极渔民）损失的风险	独特且受威胁的濒危系统，极端天气事件和全球综合影响
8	陆地和内陆水生态系统、生物多样性及相关生态系统功能损失的风险	独特且受威胁的濒危系统，影响的分布和全球综合影响

（二）新兴风险

新兴或突现风险是指气候变化的间接影响或引发更大时空范围影响的风险。人类应对气候变化的行动包括减缓与适应行动，也可能导致这一类新风险的产生。人类和生态系统对局地气候变化的响应，有可能对其他地区产生某种不利影响。例如：（1）局地气候事件引发的全球粮食市场波动及粮食安全问题；（2）特定时间地点的气候事件导致的移民及相关风险；（3）气候变化与贫穷、经济波动叠加所引发的暴力冲突事件；（4）物种迁移对生态系统功能与保护的影响；（5）地方减缓行动（如生物能源）对其他地区（粮食、能源和土地利用）导致的不利影响（IPCC, 2014；李莹等，2014）。

（三）复合风险

复合风险是指不同领域的影响在空间上的叠置可导致许多地区出现复合风险（中等信度）。如海冰消融、海洋酸化导致的交通、基础设施、生态、文化传统等的威胁。IPCC 第五次评估报告指出容易产生复合风险的重点领域包括生态系统、水、自然子系统、生计、粮食、健康等领域。

三、气候变化间接风险的重点领域

IPCC 第五次评估报告针对人类与气候系统的交互影响，提出应当重点关注的主要领域：

（1）沿海系统及低地（Coastal Systems and Low-lying Areas）：海平面上升将导致这一地区遭受淹没、海岸侵蚀及洪水风险。

（2）海洋生态系统：海洋物种生物多样性减少，导致渔业产出将受到不利影响。

（3）粮食安全及粮食生产系统：一些地区的主要粮食作物将受到不利影响，导致粮食安全和供给不足的问题。

（4）城市地区：气候变化引发的许多全球性风险大都集中在城市地区。尤其是缺乏关键基础设施和服务的居民区风险暴露度更高。提升城市韧性和可持续发展能力有助于应对热浪、强降雨、内陆及沿海洪水、泥石流、空气污染、水资源短缺等气候灾害风险。

（5）关键经济部门及公共服务：人口、老化基础设施、收入、技术、市场变化、生命周期、政府管制等都是经济部门遭受影响的驱动因素。

（6）人类健康：21 世纪的气候变化进一步加剧了气候对人类健康的影响程度，尤其是低收入发展中国家。主要影响包括高温热浪、虫媒、水媒介导致的疾病、更高的伤亡率、营养不良、失去工作能力等。

（7）人类安全：当遭受极端天气事件、缺少移民规划时，气候变化往往会加剧城乡地区人口的迁移风险，尤其是低收入发展中国家。这种受到多种驱动因素的人口流动很难加以预测，而且在一些贫困和不安定地区容易引发暴力冲突。

（8）生计与贫困：气候变化的影响有可能减缓经济增长的步伐，加大减贫负担和粮食安全风险。社会不公平会加剧边缘群体的脆弱性。

四、气候变化引发的系统性风险

（一）什么是系统性风险？

系统性风险指的是能够引发整个系统发生连锁性崩溃反应的冲击事件。这一概念最初源自金融保险领域，也称为"整体性风险"，是指来自外部不可抗力、系统不确定性或外部宏观经济系统周期性的风险（自然灾害、经济危机、政治动荡等）。《全球灾害风险》报告界定了全球环境变化下的系统性风险（GR，2014）。系统性风险是各类单一性风险相互联系、动态发展中形成的整体性风险。系统性风险可能由某种直接风险触发，也可能由几种不同的风险并发而形成。由于各类风险之间的动态联系，中等程度的直接风险往往会发展成为模更大的系统性风险。系统性风险影响范围广，内部联系复杂，一旦发生很难恢复，因此必须提前预防。

系统性风险的特征表现为：（1）风险的同质性或同步性：受到同一危险

的直接或间接影响，或不同领域风险在相同时间叠置于同一空间之上；（2）影响的普遍性和广泛性：对区域或子系统产生普遍的不利影响，难以预测、防范；（3）系统复杂性：社会生态复合系统，交互影响机制，系统边界比较模糊，社会经济发展路径与人类脆弱性和暴露度之间相互联系，具有动态变化；（4）不确定性：风险认知，影响和风险评估技术不足，影响可能具有长期性、广泛性、持续性；（5）间接传递性：地方、区域的响应造成全球影响；（6）人为性：风险不仅来自气候变化，也来自于人类社会发展和治理过程。

（二）气候变化引发的系统性风险

气候变化引发的系统性风险，其驱动机制来自人类社会生态复合系统与气候系统之间的相互作用，并经过一系列系统要素的传导机制，引发大规模、系统性影响的风险。IPCC 第五次科学评估报告（IPCC, 2014）指出：气候变化风险会导致"乘数效应（Threat Multiplier）"，使得灾害导致的影响被内在的脆弱性所放大，加剧风险水平。

《中英合作气候变化风险评估——气候变化风险指标研究》（2019）专门论述了系统性风险，根据潜伏时间和表现方式的不同，将系统性风险分为两种基本类型：渐进性风险与突发性风险。（1）渐进性风险：具有典型的蠕变（Creeping）特征和厚尾（Fat Tail）效应。在长期缓慢的变化中，极端气候事件出现的概率逐渐增长。由于变化的缓慢性，其不利后果需要很长时间才能显现，其潜在的巨大影响和产生的长期后果可能被严重低估。（2）突发性风险：这类风险的发生往往由极端气候事件所导致，与系统的致灾阈值（Disaster Inducing Threshold）密切相关。致灾阈值与系统的暴露度和脆弱性关系紧密，在相同的天气气候条件下，系统的暴露度或脆弱性越高，致灾阈值就越低，发生灾害的可能性就越高。

上述两类风险中，影响巨大的灾害事件常常被比喻为"灰犀牛"事件或"黑天鹅"事件。"灰犀牛"是指概率大且影响巨大的潜在风险，在出现一系列警示信号和迹象之后可能发生的大概率事件。"黑天鹅"一般指难以预测，发生具有意外性，但会产生重大负面影响的事件。多数的气候系统性风险均属于渐进性风险。气候影响会随着时间和空间的推移不断累积和加重，经历一个量变到质变，从而导致风险爆发为灾害的过程。潘家华、张莹（2018）指出，当前各国减排力度与全球温控目标仍存在明显的差距，人类社会极有可能面临的大概率影响大都是"灰犀牛"式的气候变化风险。随着气候变化风险的加剧，还需要迫切关注难以预防的突发性、小概率、高影响的黑天鹅事件。

　　系统性风险分析应把握各类影响之间的联系性、动态性和整体性。系统性风险分析的重点，在于发现各种影响之间的联系性和因果链条，并评估这种联系发生的可能性及后果。系统性风险由气候变化所引起的某种或几种直接风险触发，进而在经济、社会、文化、生态、政治等各个层面发生连锁反应。根据连锁反应的复杂程度，可分为串联反应和并联反应。串联反应描述了系统性风险的深度，而并联反应则描述了系统性风险的广度（图3-1）。

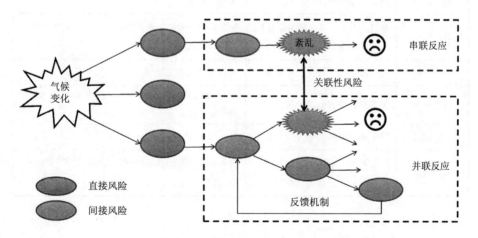

图 3-1　系统性风险的发生机制

资料来源：中国国家气候变化专家委员会、英国气候变化委员会：《中—英合作气候变化风险评估——气候变化风险指标研究》，北京：中国环境出版集团，2019。

（三）传统风险与系统性风险的区别

传统灾害风险与气候变化下的系统性风险具有一些不同的特征，包括风险要素的界定、风险类型的划分、风险属性、风险引发的安全属性、风险机制、理论基础及对风险管理的要求等。（表3-3）

表3-3　传统灾害风险与系统性风险的区别

	传统的灾害风险	气候变化下的系统性风险
风险要素	灾害事件（致灾因子）＋ 暴露度（承灾体）＋ 孕灾环境	极端事件 ＋ 暴露度 ＋ 脆弱性
风险类型	自然灾害风险（地震、洪水、台风、干旱等） 人为灾害风险（环境污染、工业事故、火灾等）	气候变化风险（突发的极端天气气候事件如台风、洪水、暴雨、高温、干旱、雷电、雾霾等） 渐进的长期风险（如海平面上升、荒漠化、生物多样性损失等）
风险特征	突发灾害、长期灾害	长期性、复杂性、不可逆性、不确定性
风险系统	传统安全	非传统安全
时间尺度	事件应对式（事前事中事后），关注个别事件，静态过程	长期持续的变化，连续的动态过程，关注与可持续发展的关联
影响机制	灾害链效应（线性影响机制）	风险乘数或放大效应（非线性影响机制）
理论基础	灾害学、灾害链理论等	社会—生态复合系统（天地人的大系统）、韧性、风险社会理论等
风险评估	基于历史事件的风险概率预测	基于未来气候情景的风险评估
风险治理	应急管理，救灾 单一灾种和分部门的应对	将系统性风险纳入发展规划（预防优先） 全灾种、多部门、全政府的协同治理

第二节 气候变化间接风险的评估方法

一、风险分析框架及其评估方法

风险评估与风险管理是气候变化风险研究的两个主要环节，以风险评估为手段，以风险管理为最终目标，是应对气候变化行动的基本思路（吴绍洪等，2011）。预测未来气候变化风险是不同主体制定适应决策的科学基础，这一工作需要充分了解气候变化对社会经济系统的影响及其脆弱性特征。

联合国气候变化专门委员会（IPCC）提出了气候变化背景下灾害风险的概念分析框架（图3-2），将风险表述为某种不利后果的发生概率（公式3-1），

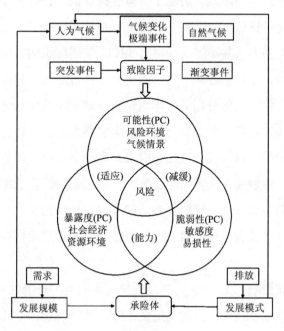

图 3-2 气候变化风险的评估要素

资料来源：吴绍洪等，2018。

或以下三个核心要素的函数（公式 3–2）：（1）危险性：即致灾因子，如气候变化导致的极端天气/气候事件[①]、海平面上升、干旱化趋势等；（2）暴露度：即暴露在危险中的人口、基础设施和社会财富；（3）脆弱性：是系统固有的内在属性，为系统暴露于某种危险之下表现出的敏感性或易损性，及自身应对、抵御和恢复能力等特质。

风险（R）= 影响（I）×概率（P）　　　　　　　　　　公式 3–1

风险（R）= f｛危险性（H），暴露度（E），脆弱性（V）｝　　公式 3–2

影响（I）= f｛暴露度（E），敏感性（S）｝　　　　　　　公式 3–3

脆弱性（V）= f｛敏感性（S），适应能力（A）｝　　　　　公式 3–4

风险定量评估是在充分考虑影响评价不确定性的基础上，量化系统未来可能遭受的损失。1.5 摄氏度、2 摄氏度、3 摄氏度等不同增温幅度的确定，使风险评估的靶向和适应战略的制定变得有据可依，在很大程度上推进了气候变化风险的定量评估（吴绍洪等，2018）。目前国内外对于气候变化影响与风险研究的理论和方法并不规范，相比 IPCC 等国际机构提出的风险概念、理论及评估框架，中国学者对于风险的研究要相对薄弱。如在第三次气候变化国家评估报告中，大部分相关内容为评估领域未来演化趋势预估，对于关键风险识别与风险定量评估显得欠缺，亟需加强理论和评估方法研究，研发跨部门跨领域的综合评估模式，加强对未来风险定量评估评估，尤其是气候变化影响的链式传递关系与影响程度辨识研究（高江波等，2017）。总体来看，气候变化风险研究领域仍缺乏融合致险因子与承险体的集成分类及相应的方法学研究，致使风险评估结论难归一、可比性较差、应用指向性不足（吴绍洪等，2017）。

国际上较有影响的 18 个灾害风险的定义可归类为可能性和概率类定义、期望损失类定义以及概念化公式类定义（黄崇福等，2010），其中目前约 80%

[①] 指超过某种临界值的、远离气候平均态的异常事件（秦大河等，2015）。

关于自然灾害风险的定义都属于可能性和概率类类型。为了进行风险大小的识别，国内外发展了各种评估自然灾害风险的方法，基本可归纳为三大类：（1）指标体系方法，包括层次分析法、模糊综合评判法、主成分分析法、专家打分法、德尔菲法等。（2）风险概率建模与评估方法是以研究区的历史灾害和灾损样本数据为基础，利用数学模型对样本数据进行统计分析，获得灾害灾度与损失的统计规律，进而实施自然灾害的风险评估。包括回归模型、时序模型、聚类分析、概率密度函数参数估计法或非参数估计法等。（3）情景模拟的动态风险建模与评估方法是依据不同概率灾害的物理机理，借助遥感与地理信息系统和数值模式等复杂系统，仿真模拟人类活动干扰下未来可能发生的灾害过程，形成对灾害风险的可视化表达，实现灾害风险的动态评估。传统的方法通常基于"先预测后行动"思路进行风险评估和提出适应对策，即先结合现有数据对未来做出最佳预测，再据此给出最好的行动方案。基于传统风险分析的决策方案也存在定性分析、难以落地的局限性，无法提供定量化评估的减灾效应、经济效益，时间尺度上也无法提供短、中、长期的动态稳健方案（胡恒智等，2018）。

传统的风险评估采用的主要是风险管理领域已经建立的一些科学方法，包括专家评判法、各种形式的科学实验和模拟、概率和统计理论、成本效益理论和决策分析以及贝叶斯和蒙特卡罗方法等。这些传统方法虽然已经为风险决策提供了一定基础，但是由于它们都是基于两个基本参数：（1）可能发生的事件（危害或结果），（2）与其联系的概率（可能性）来表达的，只适用于那些发生概率可以根据历史数据或是严密模型推导出来的"严格"意义上的风险。对于气候变化风险这种具有不同确定程度和复杂程度的系统性风险，不考虑风险信息的可获取性、确定程度和争议程度，直接采用这种简约式的、"严格"的风险评估方法是不合理且不科学的，甚至是具有误导性的（张月鸿等，2008）。

气候变化影响与风险研究中的不确定性来源主要是：缺乏足够的观测信

息，对气候变化以及受体响应过程和机理认识不足，核心技术和方法亟待完善等（高江波等，2017）。气候变化间接风险尤其是系统性风险的评估具有很多不确定性，包括气候模式预估、影响评估模型、数据搜集及整理、历史统计信息质量及人为判断等诸多因素。从 IPCC 历次评估报告及近年来国内外文献来看，对于气候变化间接风险的研究受到适应决策需求的推动，尤其是伴随着社会经济发展和城市化进程的提升，气候变化引发的系统性风险，如台风、洪涝、干旱等长期或突发性气候事件引发的城市灾害、气候贫困和气候移民等问题，从国际社会到国家层面、地方政府及社会公众，都给予了更多关注。与此相比，由于间接风险的研究对象更加复杂，对风险机制的理论与方法研究还有待进一步提升和深入。

从评估方法来看，间接风险评估包括宏观与微观分析方法、定量与定性研究方法。依据 IPCC 气候变化风险的评估框架，我们将目前国内外的各种评估方法分为以下几种：（1）基于致灾危险性的风险评估方法，包括单一危险性要素和多要素的评估，这是传统灾害风险研究及气候变化风险分析的常用方法；（2）基于影响评估的间接风险评估方法，如成本效益分析、IAM 等主流方法开展的社会经济风险评估，主要是社会科学领域采用的方法；（3）基于脆弱性的间接风险评估方法，例如中英气候变化风险评估项目开展的系统性风险研究。（4）风险评估的综合方法，结合上述几种方法的综合评估，例如综合采用经济影响评估、脆弱性指标阈值评估、专家评估、案例研究、多目标决策、情景分析等定性与定量方法，以提升研究结论的科学性和可靠性的混合研究方法。

二、基于致灾危险性的风险评估方法

灾害风险区划是反映社会若干年内可能达到的灾害风险程度，即某地区可能发生灾害的概率或超越某一概率的灾害最大等级，包括单类灾害风险区划和综合风险区划。灾害风险区划的目的是为了防御灾害，首先要明确城乡规划、工程建设、区域开发应当避开气象灾害高风险区；其次如果人类社会已处于高风险区内又难以搬迁，应当采取什么工程性措施预防风险的发生，并为防灾工程的设计标准提供科学依据（许小峰，2012）。气象部门开展的《气候可行性论证》就是基于气象灾害风险开展的评估工作。

《中国极端天气气候事件和灾害风险管理与适应气候变化国家评估报告》基于现有的研究成果，依据气候模式预测的气温、降水等极端灾害事件指数，结合地区人口密度和 GDP 密度等暴露度指标，预估了未来中国可能面临的洪涝、干旱、高温和雨雪冰冻灾害风险（徐影等，2014；董思言等，2014）。

三、基于影响评估的方法：综合评估模型

（一）社会经济影响评估的内容

灾害损失分类是灾害损失评估和灾害风险评估的前提。灾害间接经济损失不仅依赖于灾害破坏的强度，还依赖于社会经济系统的应对能力。灾害间接经济损失具有非线性特征。一方面，经济越发达，灾害破坏造成的基础设施和产业链中断破坏波及企业和家庭影响的范围会越广；另一方面，重大灾害的恢复能力常常受财政能力和技术限制，灾后恢复持续数年，而灾害间接经济影响的持续时间也会随灾害冲击强度而增大。因此，间接经济损失（取决于冲击的幅度和持续时间）将随着直接经济损失而增长。

2013 年联合国国际减灾战略《全球风险评估报告》从灾害对社会经济的影响过程或范围大小，定义了四个维度的灾害损失：直接损失、间接损失、更广泛的影响、宏观经济影响。例如汶川地震损失评估显示：基础设施的直接经济损失占总直接经济损失的比例较小，但关键基础设施中断可能造成较大数额的间接损失，其连锁效可导致更大的社会经济影响（Xie *et al.*, 2014)。

中国目前灾害损失统计以直接经济损失为主，例如《特别重大自然灾害损失统计制度》包括人员受灾、房屋受损、居民家庭财产损失、农业损失、工业损失、服务业损失、基础设施损失、公共服务系统损失、资源与环境损失等指标及基础指标等（史培军等，2014）。灾害导致的社会和环境影响很难用经济价值进行量化，但是其对社会经济产生广泛和深远的负面影响，使管理者不得不重视这种灾害后果的评估，以满足灾害管理的需要，同时还需要加强间接经济损失的统计与评估技术。灾害统计和风险评估需要向经济损失与社会环境影响评估并重的方向发展，这样才能为风险管理提供科学全面的数据（吴吉东等，2018）。

（二）综合评估模型

综合评估模型（Integrated Assessment Models，IAMs）是现在用于评估气候影响与气候政策最常用的方法。由于人类的经济活动会影响气候、导致气候变化，气候变化又会反过来影响人类经济，因此，对气候变化的研究必须综合考虑自然系统与经济系统之间的动态变化关系。这便催生出了整合气候与经济的综合评估模型。2018 年诺贝尔经济学奖得主威廉·诺德豪斯（William Nordhaus）在 20 世纪 80 年代，首创性地将经济系统与生态系统整合在同一个模型框架中，用于考量气候变化带来的影响。在使用CGE 模型进行气候变化对经济影响的评估时，模型将综合损失与受益模块进行演算。如图 3–3 所示，输入 IPCC AR5 的四种排放情景（RCP 2.6，RCP 4.5，RCP 6.0，RCP 8.5），模型将根据排放情景得出自然气候变化如气温、降水、自然灾害等对模型内不同模块的影响，如农业、生态、能源、海平面等。通过结合经济与生态模块，综合评估模型可以演算出气候变化对经济的影响。

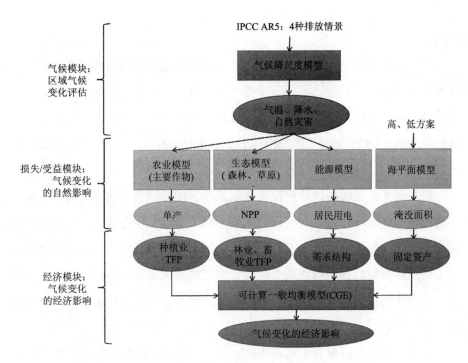

图 3–3　CGE 评估气候变化的经济影响流程

四、基于脆弱性的风险评估方法

由于缺乏真实市场定价，气候变化导致的许多非经济影响难以货币化，例如生态系统服务、人体健康、历史文化古迹等。因此，气候变化脆弱性评估也被作为传统经济影响评估的替代方法。郑艳等（2016）利用因子分析方法将气候变化背景下中国不同地区可能面临的脆弱性划分为五大维度，评估结果表明：中国各省区的综合脆弱性受到自然和人为两大驱动因素的影响，其中，超过 1/3 的脆弱性来自各省区的气候敏感性差异，主要体现为气候灾害对人口和经济的影响程度、气候敏感行业比重等。此外，人力资本、社会发展水平、环境治理能力、生态资本等也是影响地区福利水平和脆弱性的重要因子。

除了脆弱性指标体系评估方法之外，构建脆弱性曲线是定量评估气候变化风险的核心内容。方法主要基于历史灾情数据、已有脆弱性曲线的修正、系统调查和模式模拟等。例如，根据世界气象组织对"异常"的定义（即超过平均值的±2倍标准差，选择相对于平均值10%的损失作为"不能接受的影响"的参考）（吴绍洪等，2018）。

对气候变化风险的评估应首先确定某项关键的严重影响程度阈值，而后再考虑其可能性将如何逐渐变化，风险本质上具有不确定性，并且可以用不同方式表示，如按照超过某个阈值或发生某个事件的可能性，或按照某些情景下可能影响的范围。对决策者而言，重要的概念是最坏情景，因为它代表了可能发生的最为严重的结果。通过对最坏情景的预估来决定采取哪些行动降低了这些极端状况发生的可能性。

《中—英合作气候变化风险评估——气候变化风险指标研究》采用脆弱性指标阈值与典型案例结合分析全球粮食安全危机。（1）宏观层面，国际市场的风险和脆弱性指标包括：粮食储备率和进口依赖度。各国面对全球粮食市场扰动的关键风险指标是它们对国际进口的依赖程度、国内价格对国际价格的敏感程度，以及该国是否有自己的粮食储备（Ivanic *et al.*, 2012）。各国相对于自行生产的谷物进口依赖度是国际粮农组织粮食不安全系统指标的一部分。高度依赖进口的国家增多，表明粮食部门系统性风险在增长，尽管国内所受到的异常冲击有可能降低。（2）微观层面的家庭贫困与饥饿风险，以恩格尔系数衡量家庭消费中食品支出所占比例，作为主要测度指标之一。目前全球所生产的食物已达到人均每天 5 000 卡路里水平，低于 1 800 卡路里是饥饿水平。各大洲家庭食品消费比重中贫困家庭多为 50%～60%，许多贫困家庭常年位于饥饿的边缘。资源和风险的不均衡分布是导致粮食安全和饥饿威胁的主要原因。

五、风险评估的综合方法

一些研究综合采用宏观与微观、定性与定量多种方法，探索更适用于研究目的的评估方法。

（一）基于福利加权的成本效益分析方法

气候变化导致的福利风险表现为对社会财富的一个削减效应。按照 IPCC 的风险评估公式，气候变化引发的危险性（如干旱、洪涝等极端气候事件）越大，暴露在危险中的社会财富总量则越大，经济系统对气候变化的敏感性也越高，因此未来潜在的福利风险越大。由于成本效益分析的局限性，气候变化的经济成本估算常常忽略了气候变化的非经济影响，例如气候变化会加剧不同社会群体的收入差距，引发分配和公平问题。因此一些学者建议通过地区公平加权赋予贫穷国家和地区更大的全球福利份额（Botzen *et al.*, 2014）。福利加权被引入成本效益分析方法以实现帕累托最优的社会福利目标。柏格森—萨缪尔森社会福利函数是气候—经济评估模型中最广为采用的基本形式。其中，是否考虑公平因素对于气候变化经济损失的估算结果影响很大，因此，选择何种福利函数本质上是一个价值判断和政治考量。

考虑到一些欠发达地区兼具发展赤字与适应赤字，以及西部地区在生态安全、农业安全和资源环境方面的战略性地位，有必要通过地区加权突出这些高脆弱地区的潜在气候变化风险，凸显其适应行动的紧迫性。郑艳等（2016）从 IPCC 风险评估概念和福利经济学理念出发，按照社会福利的核心要素（物质资本、生态资本、经济资本、人力资本、社会和制度资本），采用地区福利加权方法测算了中国 2016～2030 年 RCP 8.5 气候变化情景下的灾害经济损失及福利风险，指出在中国各省经济在总量增长、气候变化危险性（干旱和洪涝）增大的驱动下，2016～2030 年中国年均气候灾害的直接经济总损失有可能达到基准期的 3 倍，其中最脆弱省区未来经济福利风险约为未加权全国平均风险水平的 2 倍多。

（二）基于专家评估的系统性风险评估方法

中—英合作气候变化风险评估项目（中国国家气候变化专家委员会和英国气候变化委员会，2019）提出了一套评估气候变化系统性风险的分析框架。引发系统性危机的原因非常复杂，即使某些风险的发生概率不高，但是一旦发生，通常会以一种难以预测的方式引发连锁效应。鉴于气候变化的长期性、复杂性和不确定性等特征，针对气候变化引发的系统性风险的识别和量化在方法学上具有较大的挑战性。因此，在系统性风险分析过程中，通常先假设一个系统性风险发生的情景，再对这些情景发生的条件进行反向推测。多数情况下，风险指标取决于所涉及的系统性风险的风险源和因果链。决策者可以根据四个指标来界定系统性风险的重要程度：影响领域、影响传播速度、影响严重程度和发生概率。

评估气候变化引发的系统性风险具有以下步骤：首先，针对系统性风险特征与连锁效应设计风险评估的概念框架（图3-4）；其次，提出一系列预测风险因素的先导性指标。通过这些指标可以概括描绘系统性风险，并在系统面临风险时有助于识别出关键的系统节点。此外，基于历史事件（典型案例）的描述分析有助于阐明系统性风险的可能发生途径。

《中—英合作气候变化风险评估报告——气候变化风险指标研究》指出传统的灾害评估多以经济损失作为主要指标进行风险评估。中国现行的灾害统计就是以直接经济损失为主的，往往忽略了一系列难以统计、难以货币量化或具有长期效应的难以预估的灾害影响，例如关键基础设施损坏及其间接影响（如交通拥堵造成的误工影响）、疾病和健康损失、社会安全影响、生态系统损失、海平面上升引起的土地淹没损失等，因而导致对潜在和间接风险的低估。因此，在对潜在风险进行评估时，必须考虑影响主体的多样性及风险价值的多元性，从多个角度进行判断。表 3-4 为针对中国未来中长期可能遭受的气候变化系统性风险进行的评估示例。

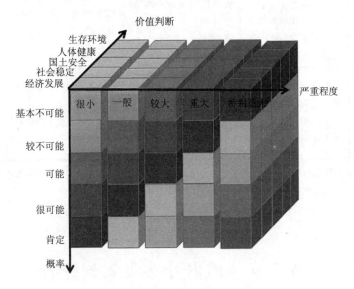

图 3-4　系统性风险评估框架

资料来源：中国国家气候变化专家委员会、英国气候变化委员会：《中—英合作气候变化风险评估——气候变化风险指标研究》，北京：中国环境出版集团，2019。

表 3-4　主要风险类型、定义、关注对象和风险案例

风险类型	风险定义	关注对象	风险案例	潜在影响
生存风险	由气候变化导致基本生存环境丧失或受到重大威胁	海岸带城市西部绿洲城市	中国东部沿海城市地区的淹没风险、西部干旱地区冰川融雪减少引发沙漠化	★★★
健康风险	由气候变化所导致的生命健康风险、流行性疾病大规模传播	人民生命健康流行疫病传播	大范围城市高温热浪、登革热血吸虫病等	★★
经济风险	气候变化对经济命脉和国计民生造成重大影响	生命线系统、国家级战略经济区（主要城市群、经济带）、政治或金融中心城市	城市生命线安全、2008年中国南方低温雨雪冰冻灾害、城市暴雨洪涝等	★★★

续表

风险类型	风险定义	关注对象	风险案例	潜在影响
社会风险	源于气候变化，由重大饥荒、疾病和经济动荡所引发的社会不稳定	大范围粮食减产引发生计困难和普遍贫困化，导致人口流动/迁移及社会不稳定	粮食产地因灾大范围减产，引发气候贫困、移民及社会稳定	★
国防风险	气候变化导致中国或他国受灾，对中国国土安全和边疆稳定造成潜在风险	国际水资源争端、国际运输线路受到严重损害、领国气候难民大量涌入、重要国防设施受损等	冰川融雪断流引发区域水资源冲突，加剧干旱，导致饥荒及跨境气候难民等	★

资料来源：修改自中国国家气候变化专家委员会，英国气候变化委员会：《中—英合作气候变化风险评估——气候变化风险指标研究》，北京：中国环境出版集团，2019。

第三节 国内外典型案例分析

根据《第三次气候变化国家评估报告》（2015）得到的主要结论，未来中国区域气温将继续上升，到 21 世纪末，可能增温 1.3～5.0 摄氏度，全国降水增幅为 2%～5%，北方降水可能增长 5%～15%，华南地区降水变化不显著。未来极端事件增长，暴雨、强风暴潮、大范围干旱发生的频次和强度增长，洪涝灾害强度呈上升趋势，海平面将继续上升。未来气候变化对中国影响利弊并存，总体上弊大于利。有利影响包括：农业光热资源增长，部分作物种植面积扩大，森林等生态系统受益。中国自然灾害风险等级一直处于全球较高水平，对气候变化敏感性高。在各类自然风险中，与极端天气和气候事件有关的灾害占 70% 以上。灾害损失呈现上升趋势。灾害风险具有明显区域差异。风险等级东部高于西部。气候变化不利影响呈现向经济社会系统深入的显著趋势。其中，气候变化对农业、城市、交通系统、基础设施、南水北调工程、电网等能源设施的不利影响愈发突出。气候变化引发的极端天气气候事件对粮食产量与品质、水资源、海洋环境与生态、城市地区等会带来一定的不利影响。未来水资源总量可能总体减少5%。粮食安全指数呈现先降后升趋势。水安全、粮食安全、能源安全等在气候变化影响下进一步复杂化或交织出现。

《中—英合作气候变化风险评估——气候变化风险指标研究》中国专家组针对气候变化可能引发的系统性风险进行了评估，提出了四种最重要的可能影响中国未来国计民生、对外合作、区域战略等重大发展议题的气候安全风险，其中的驱动因素包括小概率突发性或长期渐发性气候灾害事件。

本节的典型案例结合了上述两个全文评估报告的主要结论，从以下四个领域分析了中国未来可能存在的、不利影响相对突出的气候变化间接风险。

一、气候变化、冰川融雪与水安全风险

中国独特的地理和气候特征造就了"胡焕庸人口地理分界线"。这条线的东南方占据了中国国土面积的43.2%、总人口的94.4%，而这条线以西则是地广人稀的西部地区。这里是中国主要江河流域的发源地，也是生态最脆弱的地区之一。在全球变暖的背景下，预计在2050年前后中国西部主要冰川径流会逐渐出现"先增后减"的拐点。冰川融化引发的系统性风险具有复杂多样的表现。

中国西部地区由于冰川融雪引发的洪水、干旱和荒漠化等直接风险有可能导致水资源冲突，并引发边境安全和国际关系问题（图3–5）。绿洲农业和城镇的逐渐消失、人口外迁、资源冲突等威胁将加剧西部民族和边疆地区的气候安全风险。例如，位于中国西部气候脆弱地区的新疆拥有47个少数民族，国土面积占中国的1/6，2017年农业比重占地区生产总值的45.2%，是中国粮食、棉花、水果、肉类的主产区。该地区高度依赖来自天山和昆仑山山脉的

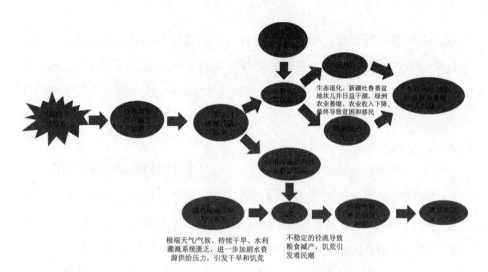

图 3-5　中国西部及东南亚地区冰川融雪引发的系统性风险

资料来源：中国国家气候变化专家委员会，英国气候变化委员会：《中—英合作气候变化风险评估——
气候变化风险指标研究》，北京：中国环境出版集团，2019。

冰川融雪。未来气候暖干化趋势很可能会削弱绿洲地区的城乡发展，并加剧
地区的不稳定因素。在中国西藏的东南部和横断山脉地区，冰川将会因全球
变暖而加速消融。据评估，2046～2065 年，发源自西藏的恒河、雅鲁藏布江
的径流量将下降，同时这些流域地区约有 6 000 万人将因此遭受食物短缺的
威胁（Immerzeel *et al*., 2010）。这些流域的东南亚国家很可能因径流量减少而
面临严峻的贫困和移民问题。

二、气候变化与城市安全风险

2005 年，卡特里娜飓风导致美国新奥尔良市的防洪堤系统失灵。城市被洪
水淹没，新奥尔良港遭到的破坏对需要进入墨西哥湾的所有行业都造成了影
响。飓风还导致美国东南部大部分地区天然气短缺。据报道，卫生基础设施也
在卡特里娜飓风之后崩溃。飓风过去的 7 个月内，该地区 22 家医院中仅有 15

家开放。飓风破坏所造成的总损失估计为 2 000 亿美元，超过 100 人丧生。这个数字原本会更高，但在卡特里娜飓风发生之后，联邦政府采取了大举投资规划和干预措施，从而有效营救、疏散和保护了当地居民。最近的 2017 年伊尔玛飓风（影响美国东南部和加勒比地区）造成了更大的经济损失，其中一个影响是橙汁期货价格迅速上涨，反映了佛罗里达州农业部门的预期损失。

东部沿海地区的三大城市群（京津冀、长江三角洲、珠江三角洲）是中国最重要的战略经济区。这一地区的土地面积仅占全国的 5%，却拥有全国 23%的总人口和 39%的 GDP 总量（2016 年数据）。根据《长江三角洲城市群发展规划（2016～2020 年）》，2020 年长江三角洲城市群将在全国 2.2%的国土空间上集聚 11.8%的人口和 21%的地区生产总值。密集的财富和人口将面临气候变化引发的海平面上升风险。例如，上海黄浦江防汛墙设计水位为 1 000 年一遇，若海平面上升 20～50 厘米，长江三角洲的海防堤标准将由 100 年一遇降为 50 年一遇；若海平面上升 1 米，这一海防堤标准将由 1 000 年一遇降为 100 年一遇（徐影等，2013）。受海平面上升和地面沉降等因素影响，黄浦江市区段防汛墙的实际设防标准已降至约 200 年一遇。面对 21 世纪海平面上升的风险，中国沿海城市需要加大气候变化风险投资力度，以应对人口和工业布局带来的不利影响。

高温热浪、强对流天气、雷暴和雾霾等气候灾害常发于城市地区，近年来极端天气事件已经成为中国沿海和内陆地区许多城市的高发灾害，引发大范围和严重的社会经济损失。根据中国住房和城乡建设部的调研，2008～2010 年全国 62%的城市发生过内涝灾害，遭受内涝灾害超过 3 次以上的城市有 137 个（刘俊等，2015）。根据对中国 280 多个地级以上城市的评估，应对暴雨灾害达到中高韧性水平的城市只占到全国城市总数的 11%，绝大部分都属于低韧性水平（郑艳等，2018）。以分别位于东、中部和沿海地区的北京、浙江余姚、湖北武汉为例，尽管经济发展、城市化水平、排水管网密度及应对暴雨绿色基础设施（建成区绿化率）等指标都远远超过了全国大多数城市，但仍然在突破历史纪录的极端强降水天气下遭遇了严重的城市水灾。

三、气候变化引发的贫困与移民风险

气候变化对于全球减贫努力将造成显著威胁,降雨减少、干旱化和极端气候事件对于绝对贫困人口的冲击最大,预计2030年将会新增1亿多气候贫困人口(WB,2016)。由于贫困群体的市场参与度及其社会经济影响微乎其微,气候变化风险引发的社会福利影响(如贫困、移民和冲突等)常常难以量化体现在GDP等宏观经济指标的变化之中(WB,2014)。

IPCC第五次评估报告《气候变化的影响、适应和脆弱性》第13章"生计与贫困"分析了气候变化与贫困的交互影响机制,一是气候变化的致贫效应:在气候危险与环境、社会经济脆弱性等驱动因素共同作用下,形成了气候贫困的风险因子(暴露度、适应能力和脆弱性),并通过各种途径输出贫困;二是贫困的反馈效应:贫困经由社会经济系统影响气候和环境,推动相关适应、减灾和减贫政策,改变风险要素特征(如减小贫困脆弱性或气候脆弱型,移民减小气候暴露度,农业政策保险和水利基础设施等提升农业适应能力),并通过市场价格、资产、生产力、社区活动和内外部机会实现减贫效果(图3–6左)。世界银行(2014)也提出了一个分析气候变化直接影响与间接影响(家庭影响、国家影响(图3–6右))的分析框架,指出气候变化是如何影响收入与非收入贫困并造成"贫困陷阱"的。

中国西部贫困地区是气候贫困和气候移民的高发地区(乐施会,2015)。宁夏地处中国内陆半干旱与干旱区的过渡地带,因此干旱少雨,而黄河水和地下水是其主要水源。水资源只有全国平均水平的1/3,荒漠化面积占全区的44%。在全球气候变化的大背景下,近50年来宁夏的气温明显升高,降水量明显减少。"山大沟深、靠天吃饭、十年九旱、一方水土养不了一方人"是宁夏中南部地区的典型特征。长期贫困使中南部地区许多农村家庭不得不外出

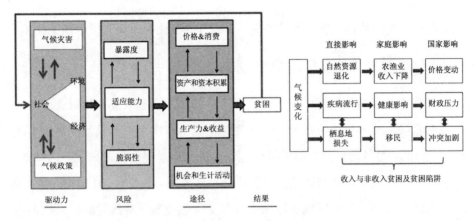

图 3-6 气候变化与贫困交互影响机制

资料来源：IPCC, 2014；WB, 2014。

打工谋生或者移民外乡。位于宁夏中部干旱地带的红寺堡拥有 19 万人口，是 20 世纪 90 年代新建的中国最大的移民城市。由于持续暖干化导致的沙漠化、盐碱化、水资源匮乏及人口增长，2020 年宁夏中南部地区超载人口比重将达到 67.2%，即使实施了生态移民工程仍将有 42 万人的超载人口需要安置（马忠玉，2012）。

四、气候变化与人类健康风险

气候变化是人类迄今为止面临的规模最大、范围最广、影响最为深远的挑战之一。气候变化对人类健康的影响是关系社会公共安全和可持续发展的焦点。极端天气事件可通过直接暴露对人类健康造成影响。未来气候变化情景下针对人类健康的影响可能会更为频发和显著。根据世界卫生组织、国家科学评估报告的结论，气候变化对人类健康的影响范围广，预计消极影响超过积极影响。气候变化可通过直接暴露对传染病的发生频率、流行范围、强度、宿主，以及慢性非传染病的流行造成影响。本节以极端天气事件高温热浪、雾霾和气候敏感疾病登革热为例，介绍气候变化对中国人群健康的影响。

（一）高温热浪的健康影响

作为典型极端天气事件，高温热浪产生的热效应是气候变化对人群健康产生的直接影响，该效应在未来气候变化情景下可能会更为频发，影响更为深远。因此，对目前高温热浪的健康脆弱性进行科学评估和未来风险的预估，对中国政府制定针对性的适应及减缓措施至关重要。例如，2013 年夏季中国中东部地区发生了新中国成立以来十分罕见（强度高、持续时间长）的高温热浪。全国报告的以热痉挛、热射病和中暑为主的热相关病例接近 6 000 人，比 2011 年和 2012 年同期分别增长超过了 2 倍和 1.8 倍。该次事件造成了中国中东部 16 个省会城市 5 322 人的超额死亡，其中，心血管疾病 3 077 人、呼吸系统疾病 959 人，以 65 岁以上人群为主（4 863 人）。

中国高温健康脆弱性地区和人群特征如下：中国西南地区高温健康脆弱性较大，教育程度低下者更为脆弱，尤其是交警、公交司机、清洁工、建筑工、婴儿和 65 岁以上老年人。高温热浪脆弱疾病为心血管疾病、急性心梗、缺血性心脏病、脑卒中、高血压、呼吸系统疾病、糖尿病、肾脏疾病和泌尿系统疾病等。高温可引起健康风险增长，一项以 1986～2005 年数据为基线的未来四种 RCP 情景（RCP 2.6、RCP 4.5、RCP 6.0 和 RCP 8.5）的预估研究显示，21 世纪 30 年代四种情景全国 27%的县（区）高温健康风险将发生明显变化。21 世纪 50 年代全国将有 9%的县（区）高温健康风险会显著升高。极端高温对心血管疾病影响最为显著。当前极端高温对中国华北及西部地区人群影响最大（RR=2.3），对寒带和中温度人群死亡影响最大（累计 RR 分别为 1.8 和 1.6）。未来热浪导致的超额死亡人数的增幅呈现非线性增长。与基线 2000 年代相比，到 21 世纪 30 年代心血管疾病超额死亡人数在 RCP 2.6、RCP 4.5、RCP 6.0、RCP 8.5 情景下将分别增长 6.0%、7.3%、4.9%、9.5%，到 21 世纪 80 年代将分别增长 8.0%、16.3%、17.9%、30.3%。

（二）雾霾与空气污染的健康影响

2019 年,世界卫生组织（WHO）将空气污染视为健康的最大环境风险（Ten threats to global health in 2019）。气中的微细污染物可以穿透呼吸系统和循环系统，损害肺部、心脏和大脑。据估计，空气污染每年导致 700 万人过早死于癌症、中风、心脏病和肺病等疾病。北京大学公共卫生学院与绿色和平等机构合作的报告《危险的呼吸 2：大气 $PM_{2.5}$ 对中国城市公众健康效应研究》[①]指出，2013 年全国 31 座城市因 $PM_{2.5}$ 污染造成的死亡率达 0.9‰，超过吸烟及交通事故死亡率。2013 年北京市雾霾导致的健康成本（过早死亡的生命成本）约为人均每年 527 元。这一数字表明 2003~2013 年北京市雾霾健康损失占 GDP 比重超过了气象灾害损失率（0.6%）。

（三）典型气候敏感媒介生物传染病的健康影响

登革热是由埃及伊蚊和白纹伊蚊叮咬传播的一种气候敏感型病毒病（刘起勇，2013），近几十年来其威胁日益严重，构成了全球严重的公共卫生问题（刘小波等，2016；刘起勇，2019），被 WHO 列为 2019 年全球十大健康威胁之一。据 WHO 估计，全世界 40%的地区面临登革热风险，每年约有 3.9 亿人感染。中国自 2013 年云南省西双版纳州暴发登革热以来登革热疫情年年暴发（Chen *et al.*, 2015），2019 年登革热本地及暴发省份达到 13 个，创历史新高。

中国媒介伊蚊监测系统显示，白纹伊蚊已经在全国的 25 个省、自治区、直辖市有分布，范围涵盖北至沈阳、大连，经天水、陇南，至西藏墨脱一线及其东南侧大部分地区。此外，受气候变化等因素影响，近年来中国云南省

---

① 《危险的呼吸 2：大气 $PM_{2.5}$ 对中国城市公众健康效应研究》，2015，http://www.pm2.5. com。

登革热媒介埃及伊蚊分布范围快速扩大：2002 年仅发现于瑞丽，2008 年分布
区为瑞丽、芒市和勐腊，2014 年分布区为瑞丽、芒市、盈江、陇川、耿马、
勐海和景洪、勐腊，2019 年最新分布区达到 10 个市县，包括确定存在分布
的瑞丽、芒市、盈江、陇川、耿马、勐海、勐腊、景洪、沧源、镇康，及曾
发现埃及伊蚊分布的澜沧和临翔。未来气候变化将导致中国媒介伊蚊适生区
范围向高纬度地区扩展。基于 1981～2010 年气象数据，研究利用 CLIMEX
模型预估四种气候变化情景（RCP 2.6、RCP 4.5、RCP 6.0 和 RCP 8.5）下中
国白纹伊蚊适生区，发现当前白纹伊蚊高度适生区集中于海南、广东、广西、
云南、福建和台湾等地的 269 个县（区）（6 085.8 平方千米）；RCP 2.6 情景
（最低增温）下白纹伊蚊高度适生区到 2050 年达 400 个县（区）（9 319.2 平
方千米）；RCP 8.5 情景下（最高增温），白纹伊蚊高度适生区到 2050 年增长
333 个县（区）（13 074.5 平方千米）。

气候变化不仅可影响媒介伊蚊的分布范围（Li *et al.*, 2019），也可对登革
热风险地区和风险人群产生影响（Benitez, 2006）。气象因素对人群健康影响
存在滞后效应（Xu *et al.*, 2017）和时空差异。以气温为例，基于登革热流行
的生物驱动模型绘制的当前（1981～2010 年）及未来不同年代中国登革热风
险地图显示，所有 RCP 情景下中国登革热流行风险区均显著向西向北扩展，
风险人口显著增长（Fan *et al.*, 2019）。当前中国有 142 个县（区）的 1.68 亿
人口处于登革热高风险区，RCP 2.6 情景下 2020 年以后登革热发病县（区）
数将从 146 个增长至 344 个，风险人群将从 1.72 亿增至 2.78 亿；RCP 8.5 情
景下，登革热高风险范围将进一步扩大至 456 个县（区）的 4.9 亿人。此外，
适宜降雨将通过增长媒介伊蚊滋生繁殖影响登革热发生风险。有研究预估到
2050 年全球约 24 亿人生活在适宜媒介白纹伊蚊滋生繁殖地区，登革热的传
播风险将进一步增长（Proestos *et al.*, 2015）。

（四）重大间接影响

从长远看，气候变化可能会对影响社会经济发展和稳定，引起劳动生产力的损失，进而引起社会和公共卫生安全危机。跨境国家可能会因为承担责任和义务多少问题引发局部边防冲突等。这种系统影响将对中国各级政府的治理能力构成重大挑战（图3-7）。

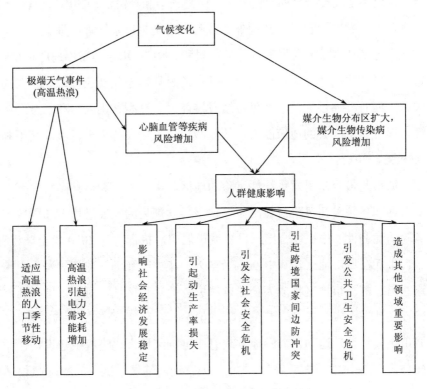

图3-7　气候变化导致的健康风险

第四节　应对气候变化间接风险的政策与行动

一、国际社会的意识与行动

联合国减灾署发布的《2015 年减轻灾害风险全球评估报告》提醒国际社会，风险不是发展带来的负面效应，而是社会和经济活动的固有属性。"减轻灾害风险，并非旨在对抗某种外部威胁，而是将风险管理的理念内化于发展实践，尤其体现于各种发展规划的全过程之中"。由于与发展问题密切相关，适应气候变化的政策设计更具全局性和前瞻性，不仅要应对近期突发的极端灾害，而且要通过提升长期可持续发展能力、减少贫困人口和社会经济脆弱性，提升整个社会的适应能力，从而减少未来潜在的灾害风险及其不利影响（IPCC，2012）。

城市是最容易引发系统性风险的地区。由于人口和财富高度集聚，城市复杂性和各种潜在风险日益凸显，缺乏科学规划的发展进程会加剧城市应对风险的脆弱性。根据联合国《世界城市展望》报告，到 2050 年全球将有 2/3 人口生活在城市地区，其中 90%新增人口集中于亚洲和非洲的发展中国家。这些国家的城市地区将成为全球自然灾害的热点区域。对此，国际社会积极建设韧性城市应对未来的潜在风险。2010 年 3 月，联合国减灾战略署发起"让城市更具韧性"运动，鼓励地方政府在可持续城市化进程中建设韧性城市。2015 年以来，中国先后启动了 30 个国家级海绵城市试点、28 个气候适应型城市试点建设。浙江义乌、四川德阳、浙江海盐、湖北黄石等城市也入选"全球 100 个韧性城市"项目。

二、加强对系统性风险的协同治理

气候变化背景下，全球各国遭受的极端天气和气候灾害风险不断加剧。气候变化使得传统灾害风险更加具有不确定性、复杂性、长期性，更加难以预测和防范。因此，有必要因地制宜、根据国情和地方需求，探索一种新的更加具有（领域）综合性、（部门）协同性、（社会）参与性的风险治理体系。为了应对这一新的环境治理挑战，国际上提出了"气候变化风险的协同治理模式"，建立一种新的全灾害治理途径（All-hazard Approach）、全政府（Whole Government）的治理模式（Emerson and Murchie, 2010; May and Plummer, 2011）。协同治理（Collaborative Governance）也称为协作治理、网络治理、系统治理、整体性治理等，是在西方国家产生的一种多主体治理结构，多应用于行政管理、政治学、环境管理等领域。风险的协同治理正在成为风险管理的一个前沿和热点研究领域，体现了全球范围内正在出现的风险治理模式的转型。这一新现象和新问题表现在：传统的灾害风险管理部门已经无法单独应对全球气候变化带来的风险压力，需要更多管理部门及全社会公众的积极参与。针对适应与灾害风险管理之间存在的协同途径，特恩布尔等（2015）提出了基于 10 项原则的规划设计指南，可以指导粮食安全、生计、自然资源管理、教育、健康、饮水和环境卫生、权益保障等重点领域开展协同规划和行动。

2018 年，中国政府部门改革成立了新的应急管理部，将原有分散设立在 13 个部门的防灾减灾救灾职能予以合并重组，实施统一管理、分级负责，通过整合优化应急资源和力量、防范化解重大安全风险。这一重大机构调整有助于提升中国应对系统性风险的能力。

参考文献

BAI L, G Ding, et al., 2014. The effects of summer temperature and heat waves on heat-related illness in a coastal city of China, 2011-2013. *Environ Res*, 132.

Benitez MA, 2009. Climate change could affect mosquito-borne diseases in Asia. Lancet, 373.

Chen B, Q Liu, 2015. Dengue fever in China. Lancet, 385(9978).

Emerson, K., P. Murchie, 2010. Collaborative Governance and Climate Change: Opportunities for Public Administration. In The Future of Public Administration, Public Management, and Public Service around the World: The Minnowbrook Perspective, edited by Soonhee Kim Rosemary O'Leary, and David Van Slyke. Lake Placid, NY.

Fan J, Q Liu, 2019. Potential impacts of climate change on dengue fever distribution using RCP scenarios in China. Advances in Climate Change Research, 10(1).

Immerzeel W. W., L P H van Beek, M F P Bierkens, et al., 2010. Climate Change Will Affect the Asian Water Towers. Science, 328(5984).

IRGC, International Risk Governance Council, 2005. Risk Governance: Towards an Integrative Approach. White Paper No.1, Author Ortwin Renn with an Annex by Peter Graham. Geneva: IRGC.

Li R, L Xu, ON Bjornstad, et al., 2019. Climate-driven variation in mosquito density predicts the spatiotemporal dynamics of dengue. Proceedings of the National Academy of Sciences of the United States of America, 116(9).

May, B., R. Plummer, 2011. Accommodating the challenges of climate change adaptation and governance in conventional risk management: adaptive collaborative risk management (ACRM). Ecology and Society, 16(1).

Proestos Y, GK Christophides, K Erguler, et al., 2015. Present and future projections of habitat suitability of the Asian tiger mosquito, a vector of viral pathogens, from global climate simulation. Philos Trans R Soc Lond B Biol Sci, 370(1665).

WB Hallegatte, S., M. Bangalore, L. Bonzanigo, et al., 2016. Climate Change and Poverty: An Analytical Framework. Policy Research Working Paper 7126, The World Bank, April.

Xie W, N Lin, C Li, et al., 2014. Quantifying cascading effects triggered by disrupted transportation due to the Great 2008 Chinese Ice Storm: Implications for disaster risk management. Natural Hazards, 70(1).

Xu L, LC Stige, KS Chan, *et al.*, 2017. Climate variation drives dengue dynamics. Proceedings of the National Academy of Sciences of the United States of America, 114(1).

蔡榕硕、李本霞、方伟华等："中国海岸带和沿海地区全球变化综合风险研究",《中国基础科学》, 2017 年第 6 期。

陈铁、胡振宇、陈睿山："气候变化背景下沿海城市脆弱性和风险评估研究进展",《建筑与文化》, 2017 年第 9 期。

《第三次气候变化国家评估报告》编写委员会编著:《第三次气候变化国家评估报告》, 科学出版社, 2015 年。

丁一汇："全球气候变化风险不断加剧的背景下, 中国的可持续性管理和行动", *Engineering*, 2018 年第 3 期。

段居琦、徐新武、高清竹："IPCC 第五次评估报告关于适应气候变化与可持续发展的新认知",《气候变化研究进展》, 2014 年第 3 期。

付琳、杨秀、冯潇雅："城市生命线系统适应气候变化危机及其对策",《环境经济研究》, 2017 年第 1 期。

高江波、焦珂伟、吴绍洪等："气候变化影响与风险研究的理论范式和方法体系",《生态学报》, 2017 年第 7 期。

胡爱军、李宁、祝燕德等："论气象灾害综合风险防范模式——2008 年中国南方低温雨雪冰冻灾害的反思",《地理科学进展》, 2010 年第 2 期。

胡恒智、顾婷婷、田展："气候变化背景下的洪涝风险稳健决策方法评述",《气候变化研究进展》, 2018 年第 1 期。

钟爽, 黄存瑞："气候变化的健康风险与卫生应对",《科学通报》, 2019 年 4 月 21 日。

乐施会:《气候变化与精准扶贫》, 2015 年。

李莹、高歌、宋连春："IPCC 第五次评估报告对气候变化风险及风险管理的新认知",《气候变化研究进展》, 2014 年第 4 期。

刘俊、鞠永茂、杨弘："气候变化背景下的城市暴雨内涝问题探析",《气象科技进展》, 2015 年第 2 期。

刘起勇："气候变化对媒介生物性传染病的影响",《中华卫生杀虫药械》, 2013 年第 1 期。

刘起勇："新时代媒介生物传染病形势及防控对策",《中国媒介生物学及控制杂志》, 2019 年第 1 期。

刘霞飞、曲建升、刘莉娜等："中国西部地区气候变化的适应性选择及其主要风险研究",《生态经济》, 2017 年第 10 期。

刘小波、吴海霞、鲁亮："对话刘起勇: 媒介伊蚊可持续控制是预防寨卡病毒病的杀手锏",

《科学通报》，2016 年第 21 期。

刘星才、汤秋鸿、尹圆圆等："气候变化下中国未来综合环境风险区划研究"，《地理科学》，2018 年第 4 期。

马忠玉主编：《宁夏应对全球气候变化战略研究》，阳光出版社，2012 年。

潘家华、张莹："中国应对气候变化的战略进程与角色转型：从防范"黑天鹅"灾害到迎战"灰犀牛"风险，《中国人口·资源与环境》，2018 年第 10 期。

秦大河、张建云，闪淳昌主编：《中国极端天气气候事件和灾害风险管理与适应国家评估报告》，科学出版社，2015 年。

秦大河："应对气候变化 加强冰冻圈灾害综合风险管理"，《中国减灾》，2017 年第 1 期。

史培军、袁艺："重特大自然灾害综合评估"，《地理科学进展》，2014 年第 9 期。

王桂芝、李霞、陈纪波等："基于 IO 模型的多部门暴雨灾害间接经济损失评估——以北京市"7·21"特大暴雨为例"，《灾害学》，2015 年第 2 期。

吴国雄、林海、邹晓蕾等："全球气候变化研究与科学数据"，《地球科学进展》，2014 年第 1 期。

吴吉东、何鑫、王菜林等："自然灾害损失分类及评估研究评述"，《灾害学》，2018 年第 4 期。

吴绍洪、高江波、邓浩宇等："气候变化风险及其定量评估方法"，《地理科学进展》，2018 年第 1 期。

吴绍洪、黄季焜、刘燕华等："气候变化对中国的影响利弊"，《中国人口·资源与环境》，2014 年第 1 期。

吴绍洪、潘韬、贺山峰："气候变化风险研究的初步探讨"，《气候变化研究进展》，2011 年第 5 期。

徐影、周波涛、郭文利等："气候变化对中国典型城市群的影响和潜在风险"，王伟光，郑国光等编著：《应对气候变化报告(2013)：聚焦低碳城镇化》，社科文献出版社，2013 年。

曾维和、咸鸣霞："全球温控 1.5℃ 的风险共识、行动困境与实现路径"，《阅江学刊》，2019 年第 2 期。

张雪艳、何霄嘉、马欣："中国快速城市化进程中气候变化风险识别及其规避对策"，《生态经济》，2018 年第 1 期。

张月鸿、吴绍洪、戴尔阜等："气候变化风险的新型分类"，《地理研究》，2008 年第 4 期。

郑大玮、阮水根："北京 721 暴雨洪涝的灾害链分析与经验教训"，《首都圈巨灾应对高峰论坛——综合减灾的精细化管理》（论文集），北京减灾协会，2013 年。

郑艳、潘家华、谢欣露等："基于气候变化脆弱性的适应规划——一个福利经济学分析"，《经济研究》，2016 年第 2 期。

中国国家气候变化专家委员会，英国气候变化委员会：《中—英合作气候变化风险评估——气候变化风险指标研究》，中国环境出版集团，2019 年。

周洪建、王丹丹、袁艺等："中国特别重大自然灾害损失统计的最新进展——《特别重大自然灾害损失统计制度》解析"，《地球科学进展》，2015 年第 5 期。

第四章 气候变化风险与基础设施

第一节 基础设施与气候变化风险

一、基础设施现状、未来需求和发展趋势

基础设施是促进经济社会发展的重要基础，支撑核心经济活动，其完备程度及服务水平的高低直接决定一国（地区）的经济发展质量、社会福利程度及环境可持续性。自20世纪40年代起，基础设施由最初的军事基础设施、电力和交通等经济基础设施逐步扩展到包括信息与物流等基础设施。这些基础设施在我们生产生活中发挥着至关重要的作用。能源、水、交通等这些基础设施系统构成社会的脊梁，支撑我们日常生活的基础。基础设施不仅对经济的发展至关重要，刺激地方经济发展、增长就业机会从而减轻贫困方面发挥巨大的带动作用，也对环境具有积极的影响包括清除和处理液体与固体废弃物等。

关键基础设施是国家的命脉，是我们赖以生存的生命线系统。在中国对关键基础设施没有明确定义，据美国的保护关键基础设施总统委员会（President's Commission on Critical Infrastructure Protection, PCCIP）的报告称，关键基础设施系统被定义为：如果失灵或者被摧毁，将对国家安全、经济命脉及全国公众的健康和安全或者上述几项后果的全部造成严重损失的有形或无形的系统和设施，一般包括供电系统、供水系统、交通系统、通信系

统、能源系统、金融系统等。交通基础设施提供经济和社会发展机会，促进人、货物、劳动力、资源、产品和创新的流动，创造市场机会，使制造商充分利用当地力量，促进跨国界的供应链延伸。而能源供应是经济增长的先决条件。能源服务还通过改善教育和卫生结果等方式促进社会发展，并通过做饭和取暖的清洁燃料促进环境的可持续性。信息通信技术是加速实现可持续发展目标的关键。信息通信技术的传播通过弥合数字鸿沟和发展知识社会，在加速人类进步方面具有巨大潜力。

不同国家的关键基础设施系统（CISs）清单略有不同，但大多数包括以下系统：电信、电力系统、天然气和石油、银行和金融、运输、供水系统、政府服务和应急服务（Ou yang, 2014）。这些基础设施形成一个相互关联的网络，通常由以下几个系统组成：

（1）水资源系统：包括自来水和污水排水管道，水资源的开发、利用和管理设施；

（2）通信系统：包括邮政设施、电信设施，有线电视等；

（3）交通运输系统：包括公路、轨道交通、航空等系统；

（4）能源动力系统：包括供电系统，煤气、天然气、液化石油气的供应设施；集中供热的热源生产及供应设施。

随着人民对美好生活的需要日益广泛，基础设施建设的意义凸显重要。据《弥合全球基础设施缺口》报告统计，全世界每年在交通、电力、供水和电信系统上投资约 2.5 万亿美元，然而这一数据仍然无法满足世界日益扩大的需求。这导致经济增长放缓，并剥夺了公民的基本服务。2016～2030 年，世界需要在经济基础设施上投资约占 GDP 的 3.8%，即平均每年 3.3 万亿美元才能支撑预期的增长率。根据全球基础设施中心（Global Infrastructure Hub, GIH）的《全球基础设施展望》报告统计，到 2040 年全球基础设施投资总需求将达到 94 万亿美元，约有 15 万亿美元的投资缺口。如果我们考虑到实现新的联合国可持续发展目标（SDG）所需的额外投资，这一缺口将扩大两倍。

据亚太经社会估计，在有特殊需要的国家，为了弥补现有差距，满足对新基础设施日益增长的需求，维持现有基础设施并考虑到气候变化的影响，平均每年需要投入约 GDP 的 10.5%，如果没有减缓和适应气候变化的成本，每年将需要 GDP 的 8.3%，详见表 4–1。

图 4–1 是根据全球基础设施中心数据整理，阐述当前基础设施投资总额、投资趋势及实现 SDG 目标所需要基础设施的投资额。

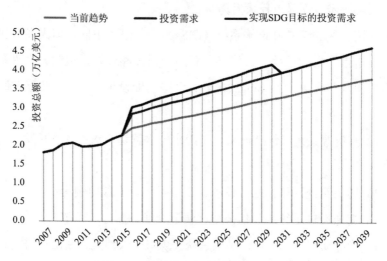

图 4–1　全球基础设施投资增长趋势

资料来源：根据全球基础设施中心数据整理。

表 4–1　全球基础设施投资趋势及需求总结

年份	机构	报告名称	研究区域	基础设施类别	资金投入及缺口情况	未来需求
2016	麦肯锡全球研究院	《弥合全球基础设施缺口》	世界各国	经济基础设施、社会基础设施、骨干系统、房地产	当前全球每年投入 2.5 亿万美元	满足 2030 年世界发展需求 3.3 万亿美元

续表

年份	机构	报告名称	研究区域	基础设施类别	资金投入及缺口情况	未来需求
2016	全球经济和气候委员会	《2016 年全球新气候经济报告——可持续基础设施势在必行：为更好的增长和发展而融资》	世界中发达国家到低收入国家	传统类型的基础设施（交通、能源、供水、信息等）、自然基础设施（森林景观、流域）	当前每年 3.4 万亿美元的基础设施投资	未来 15 年需要投资 90 万亿美元
2017	普华永道	《中国与"一带一路"基础设施 2016 年回顾与未来展望》	"一带一路"沿线国家	公用事业、交通、建设、社会电信、能源环境	核心基础设施领域的投资项目总额和交易总额超过 4940 亿美元	—
2017	全球基础设施中心(GIH)	《全球基础设施展望》	世界 50 个国家	公路、铁路、机场、海港、电力、水、电信基础设施	2016～2040 年间全球基础设施投资需求将达到 94 万亿美元，平均每年为 3.7 万亿美元。为了满足该投资需求，全球需要将对基础设施投资占 GDP 比例由当前每年 3%提高到 3.5%	实现联合国可持续发展目标。将使 2030 年前全世界基础设施需求增长 3.5 万亿美元
2017	联合国亚洲与太平洋经济社会委员会	《2017 年亚太有特殊需求国家发展报告》	亚太地区 36 个最不发达、内陆发展中国家和小岛屿发展中国家	交通能源、供水及环境卫生、信息和通信技术基础设施	每年基础设施投入占 GDP 的 10.5%；若基础设施投资每增长 1%，则 GDP 增长 1.19%	—

续表

年份	机构	报告名称	研究区域	基础设施类别	资金投入及缺口情况	未来需求
2017	亚洲开发银行	《满足亚洲基础设施建设需求》	亚洲发展中国家	运输、电力、电信、供水和其他基础设施	该地区每年基础设施建设投资预计为8，810亿美元，基础设施投资差距相当于2016年至2020年五年间预期GDP的2.4%	2016年到2030年气候变化减缓及适应成本的情况下，需投资22.6万亿美元，即每年1.5万亿美元

二、基础设施的互联性

现在社会的发展越来越依赖关键基础设施系统来支持经济繁荣、治理和生活质量的提高，但这些系统并不是单独存在的，而是多个层次上相互依赖，以提高其整体性能。雷那蒂等（Rinaldi *et al.*, 2001）把基础设施定义为"基础设施之间的单向关系，其中一个基础设施的状态影响或关联另一个的状态"。此外还确定并描述了基础设施依赖性的六个维度：依赖类型、基础设施环境、耦合和响应行为、基础设施特征、失败类型和操作状态。依赖关系可以是物理的、网络的、逻辑的和地理的。基础设施环境指的是基础设施运行并涉及经济、技术、法律、社会、安全、商业、安全和公共政策方面的环境，而基础设施特征包括空间尺度、时间尺度、运行因素和组织特征。依赖相关故障可被描述为级联、升级或共同原因故障。中断时发生级联故障在一个基础结构中，会导致第二个基础结构中的一个或多个组件失效，从而导致另一个基础结构中的中断。

基础设施运营相互关联，如水和电信系统需要稳定的电力供应来维持其正常运作，而电力系统则需要为发电和供电提供水和各种电信服务。乔兰士等（Jollands *et al.*, 2007）使用回归模型来量化气候变化对新西兰汉密尔顿的水、交通和能源基础设施及其之间的可能影响。研究发现，能源供应的中断可能会破坏交通信号到水处理等其他基础设施。基尔申等（Kirshen *et al.*, 2008）基于定性估计，独自分析了对波士顿大都市地区能源、卫生、交通和水基础设施的影响和适应策略。研究认为，能源供应中断可能导致铁路服务中断。

基础设施输送的资源包括车辆、水、电、数据以及基础设施建设所使用的材料，促使暖气、移动、卫生、交通和通信等服务能够惠及广泛的个人、商业或其他用户。单个物理资产互连形成网络，网络将需要特定资源或服务的位置与可以提供特定资源或服务的区域连接起来。不同基础设施在地理位置、功能及信息传输方面互联互通，参考（Ou yang, 2014）总结多位研究学者对基础设施互联类型及相关举例部分如表 4–2 所示：

当前的基础设施关联类型中，按照第一种分类方法，把基础设施关联类型分为物理关联、网络关联、地理关联和逻辑关联，可把例子 E1～E10 全部纳入分类，且被后来学者引用较多。

表 4–2　基础设施关联类型总结表

序号	参考文献	关联类型	定义	例子
1	Rinaldi *et al.*, 2001	物理关联	一种设施依赖与另一种设施原料上的输出	E1，E3
		网络关联	一种设施依赖于信息设施的信息传输	E2，E3
		地理关联	一个地方性的环境事件能造成该区域的所有设施状态的改变	E6
		逻辑关联	一种设施与另一种设施之间通过一种非物质的、非网络的或地理上的联系机制发生作用	E4，E5，E7，E8，E9，E10

序号	参考文献	关联类型	定义	例子
2	Zimmerman *et al.*, 2001	功能性关联	一个基础设施系统的操作对于另一个基础设施的操作是必需	E1，E2，E3
		空间关联	基础设施系统之间的邻近性	E6
3	Dudenhoeffer *et al.*, 2006	物理关联	基础设施系统之间的直接联系来自供应/消费/生产关系	E1，E3
		地理关联	在相同的内存占用中存在基础设施组件的共存	E6
		政策关联	由于策略或高层决策，存在基础设施组件的绑定	E4，E5，E7
		信息关联	基础设施系统之间存在绑定或依赖于信息流	E2，E3
4	Wallace *et al.* and Lee *et al.*	输入	基础设施系统需要从另一个基础设施系统输入一个或多个服务，以便提供其他服务	E1，E2
		互相	每个基础设施系统的至少一个活动依赖于其他每个基础设施系统	E3
		共享	用于提供服务的基础设施系统的一些物理组件或活动与一个或多个其他基础设施系统共享	E7，E10
		排外	基础设施系统只能提供两个或多个服务中的一个，其中排外可以出现在单个基础设施系统中，也可以出现在两个或多个系统之间	E8
		同地协同	两个或两个以上系统的组成部分位于规定的地理区域内	E6
5	zhang *et al.*, 2011	功能性关联	一个系统的运行需要来自另一个系统的输入，或者在某种程度上可以被另一个系统替代	E1，E2，E3，E10
		物理关联	基础设施系统是通过共享的物理属性进行耦合的，因此当基础设施系统共享流程权的时候，就存在着很强的联系，从而导致联合能力的约束	E6

续表

序号	参考文献	关联类型	定义	例子
5	zhang *et al.*, 2011	预算关联	基础设施系统涉及一定程度的公共融资,尤其是在中央控制的经济体或灾难恢复期间	E4
		市场与经济关联	在同一经济基础设施系统相互作用系统或服务的最终用户确定最终需求为每个商品/服务受到预算限制,或在政府机构的监管环境共享可以通过政策,控制和影响个体系统的立法或税收或投资等金融手段	E5

注:E1 表示电力系统故障导致交通信号、供水泵站、自动柜员机故障,导致企业关闭;

E2 表示通信服务中断影响了电力(或水)系统的态势感知和控制,导致电力(或水)系统因缺乏可观测性而部分失效;

E3 表示停电导致通信业务(如移动电话业务)中断,进一步影响电力系统的应急通信和恢复协调;

E4 表示在修复过程中,电力系统和通信服务通常比其他基础设施系统更优先进行修复,并得到了更多的改善和改造投资;

E5 表示电力系统的中断导致食品和燃料价格的变化;

E6 表示主断路淹没了位于同一位置的公用事业系统;

E7 表示紧急服务机构分发紧急资源,以恢复各种类型的受损公用事业系统;

E8 表示被废墟覆盖的街道不能被应急响应人员和金融区工作人员使用,缺乏后者可能会干扰金融服务;

E9 表示大多数加油站无法加油,导致司机争相寻找功能齐全的加油站,站成交通拥堵;

E10 表示一些地铁站的关闭增长了公交系统的交通负荷,导致公交车站排长队。

三、气候变化风险与基础设施的关联

当前气候变化成为科学研究的热点,由气候变化引起的高温热浪、暴雨洪涝等极端天气事件对基础设施的建设、运营及管理产生重要的影响。极端天气通过破坏支撑现代社会基础设施服务造成严重的不利的社会经济影响。

在全球范围内，每年 2.5 万亿美元用于基础设施建设，通常设计寿命为几十年，然而，在此期间，预计的气候变化将改变基础设施的性能（Dawson *et al.*, 2018）。当前随着全球气候变暖，出现越来越多的气候变化风险。越来越多的科学证据表明，随着由气候变化引起的极端天气事件的频率和强度的增长，由于关键基础设施失效而导致的全球范围内的风险增长（Kim *et al.*, 2017）。

气候变化风险对基础设施的影响大多数学者总结为有形和无形的影响，并进一步分为直接影响和间接影响。塔斯瓦多等（Tsavdaroglou *et al.*, 2018）总结出对基础设施的影响主要包括：（1）直接损失：指在实际事件中对资产造成有形损害的相关费，如修理费等；（2）安全损失：指在实际事件发生前后对基础设施使用者的影响，从物质损失到人员伤亡不等；（3）商业可持续性成本：在实际事件发生期间和之后，由于产品、服务和运营收到基础设施直接损害和中断产生的成本；（4）环境影响：指直接破坏基础设施对自然环境的影响；（5）声誉损失：指基础设施运营商因没有或不充分的行动来预测和管理而产生的不满和声誉损失。拉森等（Larsen *et al.*, 2008）指出，在阿拉斯加地区，2008～2030 年，气候变化将使公共基础设施的未来成本增长 36 亿～61 亿美元，比正常损耗高 10%～20%；2008～2080 年，增长 56 亿～76 亿美元，比正常损耗高 10%～12%。

表 4–3　气候变化风险与基础设施部门间的联系

部门	水资源	废水处理	交通	能源生产	能源分布	海岸侵蚀风险管理	TCT
极端高温							
洪水							
干旱							
海平面上升							
暴风							

注：颜色越深代表联系越紧密，影响越大。

气候变化既是基础设施建设运营的制约因素，也是基础设施需求的驱动力。气候变化与基础设施之间的关系主要体现在以下三个方面。

（一）气候变化影响基础设施的规划建设与运营

由气候变化引起的极端天气事件对基础设施建设的选址与规划有重要影响，同时影响整个基础设施系统的结构及运营管理，造成经济社会损失。长期趋势的逐渐转变（例如平均温度的上升）将降低一些基础设施的能力和效率，由于诸如洪水等恶劣天气事件的频率增长而更加复杂，这将导致增长基础设施中断的频率。

基础设施提供关键的服务，如取暖、照明、移动和卫生设施。这些是现代社会必不可少的。目前气候的变化已经损害了基础设施的性能。这些服务的中断或完全失效造成严重的社会、经济和环境影响。例如在英格兰西南部，洪水淹没发电厂和配电站导致成千上万人出现电力和水供应中断（Mckeever et al., 2008）。英国的暴雨事件导致超过 15 万户家庭电力中断，机场关闭，铁路/公路旅行中断，此外建筑物和其他基础设施资产普遍受损。除此，发生洪水事件时，中断了数万人的电力供应，造成许多桥梁的失效，并中断了移动和宽带通信网络。基础设施的重要性及其破坏造成的重大影响在世界各地的其他极端天气事件中得到反映（Chang et al., 2007；Mcevoy et al., 2012；Ziervogel et al., 2014）。

（二）气候变化增长基础设施的成本

全球气候变暖情景下温度、降水的季节变化、海平面上升、极端气候事件频发等现象对大多数基础设施的运行效率和经济效益都有一定影响，包括设施本身的运行效率、作用意义、成本、经济效益等。例如，风暴潮电力发生中断、输电线路受损、引起居民及企业用电中断、电力成本增长、经济损失加剧（Tsavdaroglou et al., 2018）。英国皇家基础设施委员会指出，英国在规划未来30年的战略基础设施时，必须考虑环境的潜在变化及其对基础设施交付成本、服务质量和可靠性以及对基础设施风险的影响。例如通过增长成本操作和维护，如处理供水水库中的藻类水华或确保道路或铁路等资本资产能够承受更极端的温度。由于风险增长，对诸如风险管理等基础设施服务的需求增长也可能导致成本。

（三）基础设施对气候变化有减缓作用

基础设施在调节直接受气候变化影响的自然环境资源（如水资源）的利用方面发挥着重要作用，而且在减轻造成气候变化风险的环境危害（如水资源）方面也发挥着重要作用。以自然、生态、景观为主的绿色基础设施可以减缓气候变化带来的影响。吉姆等（Jim *et al.*, 2015）研究指出，绿色基础设施在调节风速、调洪蓄水、调节温度、吸收二氧化碳等方面发挥重要的功能。这些绿色基础设施发挥的生态服务是适应气候变化的主导因子。

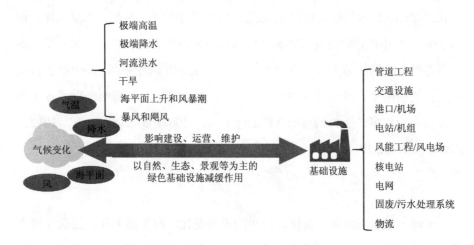

图4-2　气候变化与基础设施的联系

第二节　气候变化对基础设施的影响与风险评估

一、关键基础设施

气候变化对基础设施有重要影响。首先，气候变化会产生新的风险，一些特定的风险可能会在未来对资产变得更加关键；其次，气候变化会增加已建基础设施面临的风险；第三是气候变化威胁基础设施资产的使用寿命，监管或产品和技术风险可能使资产冗余时间早于计划寿命；最后由于供应等基础设施网络的中断，它会产生连带风险链的风险，产生级联风险（Garg *et al.*, 2015）。

表4-4　气候变化对基础设施的影响

气候变量	极端天气事件	基础设施面临风险	参考文献
温度	极端高温	铁路网失稳；电缆下垂；道路沥青软化；信号设备过热和失效	Schwartz *et al.*, 2014
降水	持续强降雨	增长边坡和路堤破坏的风险、运输和路网风险	ADB *et al.*, 2012
	洪水	基础设施资产（能源、运输、水、废水和数字通信）面临的洪水风险增长	Manocha *et al.*, 2016
	径流量大	河岸侵蚀；港口受损	McColl *et al.*, 2012
	干旱	水资源区域的供应/需求变化，增长下沉的风险	Davis *et al.*, 2014
海平面	海平面上升和风暴潮	沿海基础设施洪水和侵蚀、遭破坏风险增长	Nierop *et al.*, 2014
风	暴风和飓风	架空电力线、数据网、铁路网、海上基础设施的面临重大风险	USGAO *et al.*, 2014

（一）能源基础设施

关键能源基础设施指与能源物质（包括电能、石油、天然气以及可再生能源）的开采、精炼、运输、生产、供应等维持能源物质基本利用的基础设施。气候变化对能源基础设施的影响主要表现在三个方面：对能源需求的影响、对产能设备的影响和对供能设施的影响。

1. 对能源需求的影响

气候变化对能源需求的影响由一系列的因素决定，其最主要的影响是温度。气候变暖使得夏季空调的使用率升高，用能高峰时段的电网负荷增长。极端天气期间，如热浪、寒冷天气和干旱将导致日益显著的需求高峰造成需求驱动的能源基础设施过度紧张。已有研究表明，区域和季节性的需求变化是气候变化对能源系统造成的最重要的变化（JRC，2012）。气候变化将导致能源需求和消费模式的时空分布发生变化，例如北欧供暖空间需求将减少，南欧制冷需求增长（EEA，2010）。

2. 对产能设备的影响

气候变化导致极端天气发生频率上升，对关键能源基础设施的正常运行使用寿命，包括输送管道、结构的韧性等有较大的负面影响，特别是洪水、海啸等极端天气现象将影响沿海、临河发电机组的使用（McColl L *et al.*, 2012；Davis M *et al.*, 2014）。夜间升温可能会造成产能机组不能在休整期温度降到待机所需温度，导致部件磨损加快（Godden *et al.*, 2012）。导致热电厂的冷却水不能在设计的低温时进入发电机组，致使发电效率降低（ADB，2012）。

气候变化也对水电产能、太阳能和生物能生产设备产生间接影响。高海拔或高纬度水电生产强烈依赖于受冰川融化影响的水资源，因此对气候变暖高度敏感。气候变化温度升高导致冰川的消耗。这种消耗在未来几十年中无法通过降水弥补。瑞士自 1980 年以来直接由冰川融水生产水电为每年 1.0～1.4 太瓦时，在 2070～2090 年期间将减少大约每年 1.0 太瓦时（Bettina Schaefli *et al.*，2019）。气候变化对太阳能和生物质发电也会造成影响，气温上升降雨增多以及云层变厚，使受光照时长降低，将导致太阳能发电量下降。二氧化碳浓度上升、降水、气温的变化使得秸秆的生长受到抑制，生物产沼气的产气量也随之降低。

3. 对供能设施的影响

极端天气对传输路线有直接影响。很多供能运输管道都穿过了林地、草地等森林区。干旱天气发生频率的上升会导致能源运输管道以及车辆路线遭到破坏（Cleo *et al.*，2017）。气候变化后，温度上升，地表水蒸发加剧，降雨增多的同时空气湿度也随之增大，远距离输电线的使用寿命受到高湿度天气的影响将会有一定程度的衰减（Zachariadis，2012a）。

（二）交通及物流基础设施

交通基础设施可分为道路交通、轨道交通、机场航站以及港口交通。气候变化对交通的影响在于气候变化创造了一个动态环境，在设计新的基础设施和确定运营与维护战略时，不能假定稳定状态（Dijkstra *et al.*，2010）。研究表明，气候变化影响可导致天气模式的变异性增长。极端事件的频率和严重程度的增长变大，造成货物通过交通基础设施的流通中断和受阻，进而导致经济损失和生态环境风险。

1. 对道路交通设施的影响

越来越多的科学证据表明气候条件显著损害了道路基础设施土木工程的物理条件和寿命，加剧道路基础设施的脆弱性，导致退化率增长。墨西哥预计在 2050 年需额外支出 15 亿～50 亿美元的道路维修费应对气候变化（Xavier Espinet, 2016）。其他研究（AM Tang *et al.*, 2018）也表明道路交通基础设施的规划、设计、操作、监测和修复等环节需要考虑气候变化影响，如下表所示。

表4–5　气候变化对路网基础设施的潜在影响

气候变化特征	潜在影响	潜在失效模式	要考虑的过程和参数
年平均温度上升 强降水事件 干旱事件 反常气象 极端高温	冰线冻融圈 水温与水位 河道径流 植被影响 蒸发蒸腾 渗透能力 土壤含水量	降雨引起的边坡失稳 不均匀沉陷 河流与海岸洪水风险 表面和内部侵蚀 裂纹发展 渗透能力 平均土壤含水量 地下水位变化 腐蚀	排水系统 黏性土的收缩膨胀 表面和内部侵蚀 冻融循环 裂纹发展

2. 对轨道交通设施的影响

气候变暖对冻土地区铁路路基的影响最为明显。气温上升会使冻土层融化，形成融沉现象，可能导致工程结构变形，使铁路线路失去平顺性，影响列车正常行驶（张敬伟，2010）。冻土退化使加拿大北部铁路运输业在1960～2001年的损失超过2亿加元，仅1990～1999年受影响的铁路运营里程占加拿大北部铁路运营里程总长度的53%（陈鲜艳等，2015）。而中国青藏铁路沿线多年冻土区2007～2013年间冻土天然上限下移达91%，铁路路基下多年冻土也发生了升温退化（杨永鹏等，2018）。

极端天气气候事件对铁路运输安全的影响。气候变化对铁路运输业的影响表现在极端天气气候条件下引发的强降雨、泥石流、滑坡等对交通基础设施的影响。刘秀英等（2015）在强降水对山西省铁路安全的影响研究中就指出：降水量的增多使许多线路面临考验，导致铁路路基移动，形成各支流与主河道洪峰叠加，产生铁路地质灾害，威胁铁路运输安全。大风灾害、强降水事件等极端天气气候事件是宁夏铁路安全行驶的最大威胁（张智等，2007）。而大风和强降水这两类极端天气气候事件近年的发生次数明显增长，影响范围不断扩大。

3. 对机场航站设施的影响

气候变化通过影响温度和气压影响机场航站的运营时间与运载能力、飞机的飞行时间和起飞性能。低纬度一些机场的混凝土跑道可能因为极端高温而爆裂，而且机场跑道和停机坪路面的沥青可能会熔化（Pignataro，2017）。高温使得飞行密度降低、重量减轻，迫使航空公司减轻航班载重量或者更改运营时段（Coffel E *et al.*，2015）。当大气中二氧化碳浓度增长一倍时，伦敦和新西兰之间的跨大西洋航班在所有季节，东飞航班显著缩短和西飞航班显著延长（Williams PD，2016）。温度和压力高度的变化将导致飞机起飞距离变长，爬升速度变慢，例如波音 737-800 飞机起飞距离在未来夏季增长 3.5～168.7 米，不同机场的增长程度不同（Zhou *et al.*，2018）。

4. 对港口设施的影响

气候变化对港口基础设施的影响主要是海平面上升和海洋风暴潮的增长造成港口功能减弱，改变全球港口航线格局等。全球气候变暖引起海平面上升造成沿海城市市政排水工程的排水能力降低，港口功能减弱甚至丧失港口功能，更严重的可能危及港口城市的安全。贝克尔等（Becker *et al.*，2016）在《港口规划与气候变化观点》中指出，由于气候影响预计海平面上升 0.6～2 米。恶劣天气频率和强度增长造成港口功能减弱，货物流通中断和受阻，进而导致经济损失和生态环境影响。研究表明海港必须预测气候变化的影响，并积极准备应对海平面上升、洪水增长和更频繁的极端风暴事件（Hallegate S. *et al.*，2008）。

气候变化对国际贸易航线也有重要影响。西北航道是指由格陵兰岛经加拿大北部北极群岛到阿拉斯加北岸的航道。随着全球气候变暖，北冰洋的地位发生了巨大变化。2016 年 3 月 24 日，北极海冰覆盖面积为 1 452 万平方千米，这是自 1979 年开始通过卫星记录数据以来最小的冬季冰层面积（杨宁昱，2016）。2018 年 8 月，北极出现有史以来最高气温 32 摄氏度，常年冰冻的北极的气温快要超过了温带地区，这意味着西北航道可能开通的时间比之前科学家的预测大大提前。此外，气候变化造成的温度上升可能造成港口冰冻期缩短，港口开放时间延长。

（三）气候变化对水利基础设施的影响

水利基础设施按照水利基础设施的使用功能[①]，可以划分为城市水利基础设施、农田水利基础设施和水电基础设施。无论是城市、社区还是农村地区，都需要水利基础设施提供饮用水、收集处理废水、管理暴雨径流以及防止洪水。

目前科学权威人士有一个共同的认识，全球变暖趋势使降水循环的许多环节产生了明显的变化（Bates *et al*., 2008），并影响与之相关的环境、安全、工业和经济（Minvill *et al*., 2009）。IPCC 第一工作组（WGI）确定了水文循环和系统中众多因素所发生的变化，包括降水形势、强度和极值的变化，积雪和冰川的大面积融化，大气水汽增长，土壤水分和径流的变化。降水变化会影响到土壤、河流和湖泊中的可利用水量，即影响到民用和工业供水、水力发电、水质和农业生产（M.M.Q.米尔扎等，2009）。这在全世界范围内将对水利基础设施建设产生意义深远的影响。

1. 对城市水利基础设施的影响

城市水利基础设施为城市提供水源、调节地表径流、补给地下水源、供给工业用水及受纳城市污水等，是城市的重要组成部分。为应对日益增长的人口对水、能源和食品需求，许多发达国家和发展中国家的政府、企业和社区一直面临着重建和扩大城市水利基础设施的压力。IPCC 第五次评估报告综合报告（2014）指出，在城市地区，气候变化将增长对人类、财产、经济和生态系统的风险，包括来自高温胁迫、风暴和极端降水、内陆和海岸洪水、

---

① 美国国会办公室使用定义

滑坡、空气污染、干旱、水资源短缺、海平面上升和风暴潮等风险（很高信度），地处低海拔沿海地带的城市面临海平面上升和风暴潮的双重威胁，给城市水利基础设施带来极大压力，在极端气候天气下可能导致城市水利基础设施瘫痪，对人类、财产、经济和生态系统带来严重损害。

　　气候变化对每个城市的具体影响取决于所经历的气候实际变化（如气温升高或降雨增多），这些影响在每个地方各有不同。艾尔舒巴基等（Elshorbagy et al., 2018）[1]人研究了风暴城市雨水基础设施滞留池的影响，发现气候变化使极端降雨事件的频率增长，即暴雨在 24 小时内积累相同的降雨深度，也会产生明显不同的径流量，从而形成不同的洪水风险值，这将对城市排水和雨水收集基础设施的设计考虑产生重大影响（Elshorbagy et al., 2018）。蒙特利尔市 1987 年 7 月发生的致命洪水，研究发现这主要是由不堪重负的下水道造成的系统，无法承受部分城市的极端降雨导致的（Jaramillo et al., 2018）。中国城市地下管网等城市水利基础设施的设计也缺乏适应气候变化的预见性，其设计理念和标准考虑应对极端天气事件不足，导致现有城市水利基础设施整体上应对气候变化低效。气候变化导致极端天气强度和频度增长。水利基础设施适应气候变化的相关技术将由可选项变成必选项（张雪艳等，2018）。

2. 对农田水利基础设施的影响

　　第五次评估报告评估了气候变化对人类健康、人类安全、生计与贫困等各方面的影响，指出不断增长的气候变化风险对许多国家的农田水利基础设施造成不利影响，进一步威胁粮食安全，使减贫更为困难，贫困问题更加突出（张存杰等，2014）。

　　中国目前缺乏对水利基础设施的维护和修复投入。原有的很多农田水利基础设施年久失修，如遭遇极端气候干旱、洪水、冰雹等，更容易遭受损坏，不能满足农业生产发展的现实需求。受地理环境因素限制，部分地区农田水

---

[1] 世界银行《城市应对气候变化的适应指南》

利基础设施薄弱，在长期大范围干旱的影响下，农田水利基础设施遭到破坏，有可能使部分农户掉入"气候贫困陷阱"，加剧这些地区的贫困。

如中国已建成渠系的建设标准偏低、渠系完好率低，造成灌溉过程中输水损失大，同时部分沟河受到洪水影响淤积严重，农田排涝能力不足，排涝标准不足十年一遇，使得部分地区出现了"既怕涝又怕旱"的情况。机电井对农民的灌溉起着至关重要的作用，尤其是东北，每年春季都干旱少雨，大部分农田都必须作水耕种，才能保证幼苗的生长，机电井帮助农民解决了很大问题，然而气候变化引起的长期干旱导致地下水位下降。原有机井抽不上水，导致作物得不到及时灌溉，给农业、农民带来巨大损失（魏淑玲，2014）。

3. 对水电基础设施的影响

全球范围内的观测数据表明，在过去的 40 年中洪水发生的频率呈上升趋势（Robert J N., 2004）。气候变化通过改变全球水文循环，使水文极值事件的强度和频次增长，改变了河流流量，影响水资源供应和水力发电（Kundzewicz *et al.*, 2018），进而影响水电基础设施的设计、运行和建筑材料等。水电基础设施对于欠发达国家是一个事关生存、摆脱贫困的问题。他们对能源和水的需求非常急迫。在蓄水和发电的双重效益下，多功能水库大坝在促进水安全供应中起着关键作用，同时大坝水库可以大大缓解极端天气事件对欠发达国家造成的影响（贾金生等，2011）。IPCC 支持用水电来减缓气候变化。在 2011 年的一份报告中，IPCC 称它是已获得事实证明的、成熟的、可预测的技术。

水电基础设施极易受到气候变化和极端事件的影响。气候变化将导致水资源的空间和时间重新分布，并且通常不同的气候区域具有不同的响应。通常，温度、降水和风这三种气候因子与水力发电关系密切。温度升高使水库蒸发增长（风速也对蒸发有影响），同时使水轮机需要频繁冷却。降水变化则影响径流。平均气候的变化对水力发电影响不大，但极端气候事件将最终影响水电的生产、输送和分配。过去几十年间，极端天气事件已经对世界范围的水力发电造成了严重影响（M.M.Q.米尔扎等，2009）。特别是对于欠发达国家而言，全球气候变化带来的后果往往是灾难性的，由于缺乏足够的调蓄能力，气候变化导致的极端天气事件使灾害频繁发生，受灾程度加重。在极端强降水频率、强度增长的背景下，中国水利工程目前普遍存在着原有防洪标准偏低的问题。虽然重大工程在前期设计与施工过程中，已经根据相关技术标准考虑到了多种风险要素，但随着工程设计建造年代逐渐久远，气候变化影响造成的极端气候给这些重大工程的技术标准等带来了新的挑战。

（四）气候变化对其他基础设施的影响

IPCC 第五次气候变化评估报告新增了对人类安全评估的内容，主要结论是：气候变化对人类安全的影响是负面的。人类安全主要受经济和社会因素的驱动，对气候变化的敏感性相对较小，极端气候事件通过多种交互过程对数据中心、通信基础设施及建筑物等基础设施造成破坏，进而给人类安全带来的风险。

1. 对数据中心的影响

影响数据中心运营的与气候变化相关的自然灾害是风暴、洪水、干旱、闪电和野火。当极端气候事件发生，有线电信基础设施往往受到巨大或彻底破坏，而只有无线通信业务可用于救灾行动。为便于利用无线电设备缓解气候变化引发的灾难或其他灾难带来的负面影响，世界无线电通信大会（WRC-03 第 646 号决议）大力推荐在紧急情况下，将区域协调频段用于公众保护和救灾行动。国际电联也为灾情出现时的频率管理建立了数据库（WRC-07 第 647 号决议）[①]。

在未来 100 年内，大部分的重大自然灾难损害都会提前到来，数据中心运营商需要更好地为极端天气事件做好准备。许多数据中心运营商在设计数据中心冷却系统时并未考虑热量和湿度的变化，部署的冷却系统可能不足以

---

① 《国际电联和气候变化》

满足未来的需求。许多数据中心依赖需要大量水来进行冷却。如果遇到极端干旱天气,供水短缺也可能使数据中心运营商缺乏冷却系统所需的水源。大多数数据中心运营商或者不太关心气候变化的影响,或者忽视其潜在的影响。90%接受调查的组织认为他们不需要制定计划来缓解洪水风险;近 70%的数据中心运营商根本没有为恶劣天气事件做好准备;只有 33%的数据中心运营商正在重新评估他们当前的数据中心基础设施技术,例如提高冷却系统的可靠性。几乎近一半的人忽视了气候变化对数据中心的破坏风险。

2. 对通信基础设施的影响

全球气候正逐步恶化,气候变化引发了洪涝、干旱、飓风等自然灾害。这些自然灾害不仅对生态系统产生恶劣影响,也对社会系统和城市功能造成一系列负面影响。电力通信是最为重要的环节之一。这些关键通信基础设施在建设时,人们没有考虑过气候变化。温度升高会缩小无线信号的覆盖范围,多雨则会影响信号强度,而夏季干燥、冬季潮湿的气候则有可能引起地表下降,对埋在地下的通信设施造成损害。这种由气候变化带来的威胁对发达国家影响更为明显,甚至强于洪水、干旱以及海平面上升的威胁。如果气候变化影响到通信,这将会带来诸多不利影响。除了对信号覆盖范围和强度的影响,高温及雷雨也会增大通信设施遭受洪水以及其他恶劣天气影响的可能性。

表 4-6　气候变化及其对通信基础设施潜在的影响

气候变化及极端气候事件		潜在的风险
温度、热浪和寒冷事件	更炎热的夏天	· 铜线使用增长,静电干扰 · 地表电缆下垂 · 维护电缆工作量大增 · 中断增长,设备寿命减损 · 机械冷却需求增长
	更频繁的热浪	· 能耗增长,频繁停电 · 电压不稳,服务中断
	更多的年降水量	· 中断和维护需求增长

续表

气候变化及极端气候事件		潜在的风险
降水、强降水 和干旱	更剧烈的旱灾	• 机械寿命减损
	更频繁的暴雨	• 地下电缆、燃料罐浸水
		• 地下设施可用性减少
海平面上升、 洪水风暴	更高的海平面	• 海底电缆瘫痪
		• 抵御设施的需求增多
		• 费用和更换周期问题
	更频繁激烈的沿海洪灾	• 应急设备使用频率增长

许多沿海通信管道已经接近海平面，而由于极地冰层融化和气候变暖导致的热膨胀，海平面上升会将埋在地下的光纤电缆暴露在海水中，海底光缆可能很快就会被海平面上升淹没。物理互联网的风险与海岸上的大型人口中心有关，这些中心也往往是支撑全球通信网络的跨洋海洋电缆上岸的地方。在互联网上传输的大部分数据往往集中在少量光纤链上。这些光纤链面临的风险可能会导致大型人口中心通信瘫痪。中国城市人口密度大、经济集中度高，又处在工业化和城镇化快速发展的历史阶段，易受气候变化不利影响。

3. 对建筑物的影响

由于气候条件的变化和相关极端天气事件，对建筑和其他基础设施的投资正日益面临风险。由于许多建筑物和其他基础设施的使用寿命很长，而且它们具有巨大的经济价值，因此它们对未来气候变化影响的准备和适应能力至关重要。

鉴于建筑物的预期寿命，以及有必要调整现有的建筑环境，以应付一种可能与它所演变的气候大不相同的气候，气候变化的影响尤其与建筑业有关。需要采取短期行动的建筑和建筑物所面临的主要威胁包括（1）可能在出现的极端降水，例如导致水侵入、地基和地下室损坏、建筑物和基础设施破坏、污水溢出、土地和泥石流、洪水等；（2）夏季极端高温事件，导致材料疲劳和加速老化、舒适性下降和可能对健康造成严重影响、制冷能耗高等；（3）建筑物暴露于大雪中；（4）海平面上升会增长洪水的风险。

此外，根据建筑结构及其地基的稳定性，土体沉降风险可能会增长。由于建筑和基础设施的设计，它们很容易受到气候变化的影响（对暴风雨的低抵抗力）。洪水是（地震之后）最危险的灾害之一，这主要是由建筑物地区的洪水造成的。IPCC 第五次评估报告评估了气候变化对人类健康造成的负面影响。温度升高已经导致人类热相关疾病和死亡风险的增长。建筑环境接触过热气温上升和酷热，这不仅是建筑材料的问题，也会影响居住者的舒适和健康。

二、基础设施风险评估

风险评估是从气候变化影响到应对的必然要求和链接桥梁，其中影响程度是风险评估的基础。气候变化风险评估为及时识别风险和评估影响的严重程度提供依据。通过应用多方利益攸关的方法评估气候脆弱性，可显著提高基础设施抗风险能力的可持续发展。鉴于气候变化对基础设施具有难以逆转的影响，因此评估基础设施的气候变化风险至关重要。为了避免对人民和经济的长期影响，必须在这些风险的背景下进行未来的基础设施投资以及现有基础设施的适应。

（一）风险评估定义及重要性

气候变化风险是指由于气候变化影响超过某一阈值所引起的经济损失或资源环境的可能损失，包括气候变化对系统的损害程度和损失发生的可能性（吴绍洪等，2011）。

风险是指事件发生的可能性及其后果的综合效应。它是由暴露（人口和财富的变化）和脆弱性等因素的复杂汇合而产生的（Leonard *et al.*, 2014;

表 4-7　不同国家气候变化风险评估中关于基础设施的方面

国家评估	方法概述	基础设施部门						互联关系
		水资源	洪水和海岸腐蚀	能源	交通	信息通信技术	固废处理	
UK 2012	定量风险评估							发电用水
	建立与前后变化危害的影响程度相关的部门专门应对功能	√	×	√	√	×	×	认知层面，对其他基础设施相互依赖模式的认识，但分析有限
	区域地方评估							发电用水
UK 2017	综述已发表的证据							资源运输
	区域地方评估							能源中断的级联效应
	评估每种风险的适应行动的评估性	√	√	√	√	√	√	增强基础设施的信息通信技术
								地理协同影响
USA 2014	综述已发表的证据							发电用水，能源与水的相互联系
	8个地区和沿海地区的次国家级评估	√	×	√	√	×	×	能源中断的级联效应
								认知层面，对城市和乡村互联的认识，但分析有限

续表

国家评估	方法概述	基础设施部门						互联关系
		水资源	洪水和海岸腐蚀	能源	交通	信息通信技术	固废处理	
Canada	综述已发表的证据	√	×	√	√	×	×	发电用水
	有限的次国家级评估							在认知层面对其他基础设施相互依赖模式的认识，但分析有限
	风险相对重要性的局限性评估							
Netherlands 2015	综述已发表的证据	√	×	√	√	√	×	发电用水
	文献覆盖面广，但分析不够深入							资源运输
	风险相对重要性的局限性评估							能源中断的次级联应
								增强基础设施的信息通信技术
								互联关系
Finland	综合一些国家规模的研究方案中的发现	√	×	√	√	×	×	在认知层面对其他基础设施相互依赖模式的认识，但分析有限
	风险相对重要性的局限性评估							

续表

国家评估	方法概述	基础设施部门						互联关系
		水资源	洪水和海岸腐蚀	能源	交通	信息通信技术	固废处理	
Australia	综述已发表的证据 风险相对重要性的局限性评估	√	×	√	√	×	×	在认知层面对其他基础设施相互依赖模式的认识，但分析有限
South Africa	综述已发表的证据	√	×	√	√	×	×	水资源基础设施与食物、生物质燃料的互联
	分析范围广，但分析的相对重要性有限 无地方评估							其他基础设施的互联
Germany	综述已发表的证据	√	×	√	√	×	×	水资源基础设施与食物、生物质、能源基础设施考虑不充分
								其他基础设施的互联

注：√表示与该部门相关的基础设施所面临风险已被考虑，×表示未考虑与该部门相关的基础设施所面临的风险。

资料来源：整理自 Dawson et al., 2018。

Oppenheimer *et al.*, 2014）。

IPCC 第二工作组第五次评估报告和《管理极端事件和灾害风险促进气候变化适应特别报告》（SREX）在对气候变化风险形式框架的理解上，认为风险是气候相关危害（极端事件和变化趋势）、承险体暴露度与脆弱性三者的相互作用结果，且存在三者纯粹的两两相交领域。

近年来，随着计算机数值模型、大数据分析方法、3S 技术的迅速发展，全球及不同国家和区域的多层次、多尺度气候变化风险定量评估成果不断涌现。

（二）风险评估框架及主要定量评估方法

对气候变化风险进行定量评估是风险管理的基础，同时也是适应气候变化需要解决的重要科学问题。对于基础设施风险评估的一般性框架主要是基于气候变化的分析，识别出基础设施面临的关键气候变化风险，评估基础设施规模资产及网络规模资产的风险，进而对基础设施的级联乃至产生的系统性风险进行评估（图 4–3）。

风险有三个决定因素：危害、暴露和脆弱性。危险定义为系统所有者、经营者、操作员或涉众所关心的事件或事件集。这些事件的发生可能危及系统。脆弱性定义为给定不利事件已经发生的系统故障和事件后果的联合条件概率分布。有学者将风险定义为后果的概率和严重性的度量（Haimes *et al.*, 2017）。用特定的事件场景对系统建模，并根据威胁、系统的脆弱性和弹性以及事件的时间来评估结果，这种方法具有中心作用。在风险评估中，重点通常放在评估事件发生的预期危害上，而不一定强调利益相关者的利益累积。

许多研究对致灾因子风险（危险性）与基础设施脆弱性分等级，借助评估矩阵等方法对区域风险进行评估。一般的评估方法气候变化风险的一般的研究方法是（1）选择研究的标准变量，如温度、风速、降水等；（2）选择评估的危害类型，如飓风、干旱等；（3）设置情景模拟；（4）看产出的结果。

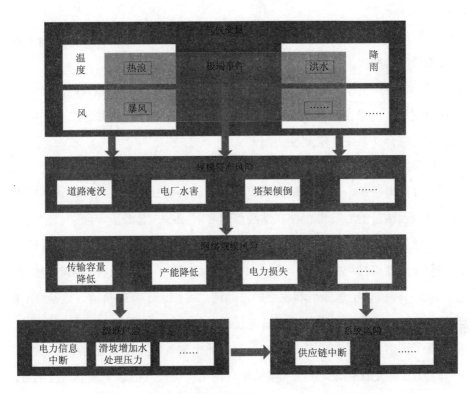

图 4-3　基础设施风险评估框架（Dawson *et al.*, 2018）

表 4-8　不同的风险评估的方法

序号	作者	年份	风险
1	Davidson	1997	危害×暴露度×脆弱性
2	Grichton	1999	危害×暴露度×脆弱性×容量
3	Jones *et al.*	2003	可能性×结果
4	Wisener *et al.*	2003	危害×脆弱性
5	Villagram deLeon	2004	危害×脆弱性×准备工作缺乏

气候变化风险最基本的本质可归纳为未来性、不利性和不确定性，即分别从时间的角度、后果的角度以及后果的表征上揭示气候变化风险的本质特

征。风险的定量评估是在充分考虑影响评价不确定性的基础上，量化系统未来可能遭受的损失。

当前学者研究中对基础设施的主流定量评估方法主要有侧重经济评估的实物期权法、情景预测方法及与地理信息系统结合的空间规划方法和当前研究较多的综合（系统）框架法：

1. 实物期权法（ROV）

通过模型决策，来考虑地区城市基础设施长期管理的灵活性，评估城市地区适应性项目的经济可行性（从经济角度）。ROV 起源于金融期权估值，后来有学者对此方法进行改进，拓宽了应用范围。ROV 将项目收益的管理灵活性和波动性与传统折现现金流（DCF）进行对比，它涉及收益的确定性假设；ROV 还反映了适应机制收益的波动性，并创造了额外价值，这是 DCF 等传统估值方法无法获取的。以前是使用传统的经济评估方法对基础设施投资进行了评估，但是这些传统方法并没有捕捉到气候相关风险的不确定性，而只是做了确定性假设。其次大多数研究使用历史天气信息来评估适应项目，然而适应战略不应该依赖于过去的气候信息，因为气候变化的影响正在全球范围内增长，与气候相关的风险正在造成比过去更多的自然灾害。因此，应用的方法应考虑未来气候的模式和趋势。

2. 情景分析——基于对未来气候变化风险的预测

气候变化风险的研究越来越侧重于潜在风险。基于当前气候变化事实对未来基础设施面临的风险进行预测，有利于基础设施维护运营及决策者分析。最近关于气候变化风险评估的重点已经转向制定适当的适应战略，包括促进脆弱性评估和应对气候变化的技能、方法与技术的发展，成本和效益的评估以及利益相关者的参与。吉姆等（Kim, 2018）提出一种基于场景分析的系统评估方法，用于评估相互关联相互依赖的关键基础设施在应对气候变化风险时的级联效应，主要是通过识别不同基础设施部门交互的关键风险。通过专家咨询、历年文献及往年气候变化分析等相结合的方法来确定参数，明晰哪个部门基础设施在级联中至关重要，为基础设施系统的管理与运行提供参考。

3. 地理信息与风险耦合方法

土地规划利用与空间规划利用等方法主要依赖 GIS 空间地理信息系统与气候变化风险耦合，方便决策者分析与管理，为决策者提供最低的风险抉择和行动计划。有研究指出，风险敏感性土地规划利用可以降低系统成本效益，减少结构性风险，如可以通过空间规划的方法评估电力基础设施在极端天气事件中的影响，主要是将风险评估的结果及风险指数加载到地图上，形成风险地图（Matko，2017）。风险评估的结果可以用于搜索对规划设施潜在损害较低的位置，并可以通过升级建筑规范措施，提升设施弹性。

4. 系统框架（层次分析）法

系统框架或者综合框架法，在当前的不同类型的基础设施风险评估中，应用广泛。该方法的特点是根据不同基础设施的特点来实施风险评估，针对性较好，综合性比较突出。

当前研究中，各类方法之间有相互关联，尤其是近几年新兴地理信息的运用。GIS 方法主要依赖关系的分析和级联效应的评估，依赖其他方法的评估结果，并以地理信息系统的方式呈现。跨领域的相互依赖关系建模和仿真最近成为一个关键的研究领域，欧阳等（Ou yang，2014）对这些领域的研究进行了综述，基于基础设施的互联性，将现有的建模和仿真方法大致分为六种类型：经验方法、基于 Agent 方法、基于系统动力学方法、基于经济理论方法、基于网络的方法等（主要是针对互联基础设施的评估）。尤待等（Udie, 2018）提出一种系统框架分析法，对尼日尔三角洲地区的关键油气基础设施应对气候变化风险的脆弱性进行了评估。研究指出，气候变化导致极端天气事件如气温上升；大西洋潮汐和海洋热膨胀，导致频繁的暴雨和洪水，严重影响了油气基础设施的正常运行，尤其是对跨流基础设施。上游基础设施的变化会对下游基础设施资产产生重要影响，产生级联效应。

（三）未来风险评估趋势

当前大多数针对基础设施的研究多集中在单一地理区域，或针对气候变化风险对基础设施的影响进行了分部门的分别概述。当前的局域性、点状及单一基础设施的评估方法已不能满足整个基础设施系统评估的需求。研究发现，基础设施系统间存在高度的相关性，相互依赖。级联风险面临严峻威胁。为此多数学者针对基础设施系统的风险评估方法进行了大量的研究与实例验证，通过系统评估不同部门包括能源供应、运输、信息和电信、水及固废系统等基础设施间互相关联的风险，为基础设施的长期管理与决策者在极端天气变化事件下的决策与管理提供参考。

近几年针对关键基础设施之间相关关系的分析和建模越来越受到关注，尤其是最近几年联合（级联风险）越来越受到关注。塔斯瓦多等（Tsavdaroglou *et al.*, 2018）提出了一种基于场景分析的系统评估方法，来评估相互关联相互依赖的关键基础设施在应对气候变化风险时的级联效应。其主要是通过识别不同基础设施部门交互的关键风险，并辅以荷兰鹿特丹港口的整个基础设施系统进行验证，为基础设施系统的管理与运行提供参考。还有学者总结出多学科的方法，涉及气候学、交通学或社会学等方面来应对极端天气。其主要集中在陆地运输网络、能源和电信系统，来识别级联和相互联系的影响（Nogal *et al.*, 2016）。未来的研究趋势，针对不同基础设施的特点，从整个基础设施系统出发，综合考虑级联风险，制定风险评估模型，为决策者提供参考依据。

第三节　基础设施的韧性

一、韧性的定义

（一）韧性被广泛应用于诸多领域以描述系统在突发事件中稳定运行的能力

基础设施是人类经济进步的现实承载体。如同任何一件物质个体。基础设施受各类危机和风险的威胁，其使用能力和稳定性被不断磨损和降低。同时，随着科学技术的进步，基础设施对抗各类风险的能力不断增强。

对于基础设施可能面临的各种风险，传统的风险管理聚焦于降低极端事件发生的概率和发生后产生的潜在影响，但是即使人们制定了完全的防备策略，仍旧有预期之外的极端事件屡屡发生，导致基础设施面临和遭受了严重的破坏（Simin Davoudi, 2018）。例如，2012 年北京的"7·21"大雨事件，北京及其周边地区遭遇了 61 年最强暴雨及洪涝灾害。暴雨导致全市道路、桥梁、水利工程多处受损，包括路面塌方、运行地铁线路临时封闭、机场线停运、架空线路发生永久性故障等。根据北京市政府举行的灾情通报会的数据，此次暴雨造成房屋倒塌 10 660 间，160.2 万人受灾，经济损失 116.4 亿元[①]。又如 2018 年 11 月 8 日美国的森林山火事件，是美国加州历史上最严重的一次破坏性火灾。凶猛的火势在当地造成了罕见的"火龙卷"。截至 2018 年 11 月 25 日，山火"坎普"造成至少 85 人死亡，共烧毁 1.8 万多栋建筑物，200 多人失踪。据分析，干旱和大风是引发此次严重火灾的主要原因[②]。

---

① 财新网新闻：北京市召开"7·21"强降雨新闻发布会，http://china.caixin.com/2012-07-23/ 100413667.html，2018-12-29。

② 新华网新闻：加州山火"烧哭"保险公司 理赔金额已达 90 亿美元，http://www.xinhuanet.com/world/2018-12/13/c_1210014790.htm，2018-12-29。

面对频发的极端天气事件，传统的风险管理手段显然已经不足。如何减弱气候变化风险所可能带来的对基础设施的影响和破坏，减轻人们在事件和灾害中可能受到的损失与伤害，已经引发了许多学者的关注。近年来，"韧性"一词逐渐在气候变化风险管理领域成为新的研究重点，特别是在基础设施领域，"韧性"已经成为在气候变化风险下评估基础设施的重要指标之一。

无论是在自然界还是人类社会，"韧性"这一概念通常用来衡量物体、组织和系统在各类风险侵害下平稳运行的能力。窦沃艾（Dovouai, 2018）提出，"韧性"概念的发展经历了由简单到复杂的过程。早期"韧性"更多应用于工程学和生态学科领域。霍林（Holling, 1996）曾提出韧性是"在系统结构改变之前，能够吸收和抵抗外界冲击的最大程度"。艾伦比等（Allenby *et al.*, 2000）认为"韧性"是"一个系统在面临其内部和外在变化时维持其功能和结构的能力，以及其发生最小变化的能力"。也有学者（Pregenzer, 2011）提出韧性是"一个系统吸收连续的、不可预期的变化且仍维持其重要功能可用的能力"，海默斯（Haimes, 2009）认为韧性是"一个系统承受恶性破坏和在合理时间、成本及风险下恢复的能力"。美国基础设施安全合作伙伴（TISP）将"灾难韧性"定义为"预防和抵抗多种严重灾害威胁的能力，及修复和重建关键服务的能力，包括保证公共安全和健康的损害最小化"。窦沃艾（Dovouai, 2018）认为这种定义仍根植于基于牛顿力学的机械唯物主义思想，而随着复杂系统理论（例如城市和社会）的发展，非线性、不连续、自组织、突发性和非预期性的系统特征不断推进韧性概念的发展更迭。韧性不再仅仅是"恢复原有状态水平的能力"，还包含了对外部侵害"适应和改变的能力"。许多学者与窦沃艾抱有相似的观点，在具体研究中，已经将"适应和改变"外部风险影响的能力纳入到韧性研究的具体范畴中（表 4–9）。

表 4-9 韧性定义总结表

序号	韧性定义	指标	系统类型	作者
1	韧性是一个系统在面临其内部和外在变化时维持其功能和结构的能力，以及其发生最小变化的能力	维持	社会系统	Allenby B., Fink J., 2000
2	韧性是一个系统吸收连续的、不可预期的变化且仍维持其重要功能可用的能力	吸收 维持	军事安全系统	Pregenzer A., 2011
3	韧性是一个系统承受恶性破坏和在合理时间、成本及风险下恢复的能力	抵抗 恢复	社会生态系统	Haimes Y.Y., 2009
4	灾难韧性定义为预防和抵抗多种严重灾害威胁的能力，及修复和重建关键服务的能力，包括保证公共安全和健康的损害最小化	预防 抵抗 修复 重建	基础设施系统	美国基础设施安全合作伙伴（TISP）
5	韧性是降低破坏性事件程度或/和持续期的能力	预测 吸收 适应 修复	基础设施系统	NIAC, 2009
6	对于关键基础设施，韧性是指部门和网络联合规划、灵敏灵活且及时的修复方案、在突发事件和灾难发生时能够提供最低运转能力以及快速回复正常运转的能力	联合规划 灵敏 灵活 及时修复 受灾时的最低运转能力	基础设施系统	Commonwealth of Australia, 2010
7	韧性是指系统从逆境中回复的能力，无论是回复到原始状态，还是在新条件下的调整状态；建立韧性需要的长期工作，包括技术和社会方面的基本流程再设计	修复 回复到原始状态或调整状态 技术和社会方面的基本流程再设计	基础设施系统	McCarthy JA, 2007

续表

序号	韧性定义	指标	系统类型	作者
8	韧性是指一个组织预测、避免威胁其生存和目标和快速修复的能力	预测 避免威胁 快速修复 保障一致性和目标	安全管理系统	Hale A., Heijer T., 2006
9	韧性是识别和适应非预期的扰动的能力	识别非预期扰动 适应 评价现存的竞争和提升模型	组织系统	Fujita Y., 2006
10	韧性是平稳性和灵活性之间的平衡状态，使得系统能够适应其面对的不确定性以至于不会导致失控	平稳性和灵活性的平衡 面对不确定性的适应能力 自控制	组织系统	Grote G., 2006
11	韧性是面对有害影响的调整能力，而非回避或抵抗的能力	有效调整的能力	组织系统	Woods DHE
12	韧性是组织识别威胁和灾害、调整自身以提升未来保护工作和风险降低方案的能力	识别威胁 防范 降低风险	组织系统	DHS Risk Steering Committee, 2008
13	韧性是系统在遭受冲击后保证自身不持续恶化的能力，包括适应破坏事件和回复的能力	承担冲击的能力 适应 回复	组织系统	Kendra J.M., Wachtendorf T, 2003
14	韧性是系统在面对改变、外部冲击和破坏时维持自身的能力	保持系统的一致性（结构、内部关系和功能）	社会生态系统	Cumming G.S., Barnes G. Perz S., Schmink M., Sieving K.E., Southworth J., *et al.*, 2005
15	韧性是系统守恒的方法、是吸收改变和破坏的能力、是维持人口和国家指标关系的能力	持续 吸收 维持人口和国家质变间的关系	社会生态系统	Holling C.S., 1973

续表

序号	韧性定义	指标	系统类型	作者
16	在系统结构改变之前，系统能够吸收和抵抗外界冲击的最大程度	—	—	Holling, 1996
17	韧性是系统吸收破坏和识别风险并维持核心功能、结构和反馈的能力	吸收 重新组织 维持核心功能、结构和反馈	社会生态系统	Kinzig A.P., Ryan P., Etienne M., Allison H., Elmqvist T., Walker B.H., 2006
18	韧性是指对灾害的内在和适应响应，以避免个人和团体可能受到的潜在损失	回复 适应 功能完备	经济系统	Rose A., 1999
19	韧性是系统抵抗市场或环境冲击从而保证资源有效分配的能力	抵抗 资源有效分配	经济系统	Perrings C., 2006
20	韧性是一个企业在面临破坏性改变时生存、适应和发展的能力	生存 适应	经济系统	Fiksel J., 2006
21	韧性是组织或社区应对外部社会、政治和环境压力和破坏的能力	应对压力	社会系统	Adger W.N., 2000
22	韧性是系统面对内部和外部改变维持其功能和结构，或在不得已时候适当降级的能力	维持功能和结构 适当降级	社会系统	Allenby B., Fink J., 2005
23	韧性是指系统适应和变化的范围与来源	适应 纬度：变化的范围	未分类	Woods D., Cook R., 2006
24	工程韧性是受破坏后系统回复到全局均衡的时间；生态韧性是系统能够在改变状态前吸收的破坏的最大量	回复全局均衡的时间 状态改变前吸收的破坏量	未分类	Gunderson L., Holling C.S., Pritchard L., Peterson G., 2002
25	韧性是社会或生态系统吸收破坏、维持基本结构功能的能力，自组织的能力及适应压力和改变的能力。商业系统的韧性可以被定义为一个组织、资源或结构承受交易终端的影响，回复并维持最低水平运转的能力	吸收 保持结构和功能 重组织 适应 承受 回复	未分类	USCCSP, 2008

序号	韧性定义	指标	系统类型	作者
26	韧性是系统降低冲击、吸收冲击和冲洗后快速回复的能力	降低失败机会 吸收冲击 快速回复	未分类	Bruneau M., Chang S.E., Eguchi R.T., Lee G.C., O'Rourke T.D., Reinhorn A.M., *et al.*, 2003

（二）韧性从组织系统、生态系统、工程建设扩展到基础设施领域

塞耶德莫森等（Seyedmohsen *et al.*, 2016）总结了当前主流的韧性研究方向，提出韧性主要分为以下四个领域：

（1）组织韧性：在突发事件发生或连续压力时，组织保持平稳或回复平稳，保障正确运转的能力；

（2）社会韧性：团体化解外部压力或破坏的能力，包括社会、政治和环境变化；

（3）经济韧性：能够使公司和地区最大限度地避免潜在损失的内在能力和适应响应；

（4）工程韧性：指包含人与技术的互动系统的被动存活率（可靠性）和主动存活率（复原力）的总和。

美国国家基础设施咨询委员会（NIAC, 2009）将基础设施韧性定义为降低破坏性事件程度或持续期的能力，即基础设施系统预测、吸收、适应或快速从破坏性事件中恢复的能力，如自然灾害。基础设施系统的韧性被认为既是工程韧性范畴，也是社会韧性领域的组成部分。这是由于基础设施的建设、维护和修复需要工程知识，同时，基础设施系统的良好运转也是周边人口和社区基本生活的必要保障，还是社会性能避免受到外界损害的缓冲器。

从表4–10中可以看到的是，韧性这一概念被普遍应用在多个领域。随着

时间发展逐渐从组织系统、生态系统、社会系统和工程建设等扩展到基础设施领域研究。基础设施系统在不同风险下能够正常运转对经济增长和社会发展起着关键性支撑作用。例如，欧阳等（Ou yang *et al.*, 2015）评估了互联电力系统和天然气系统在多种灾害风险下的韧性，重点关注互联基础设施系统在受到灾害冲击时其物理工程和社会影响的表现情况。

当前学者和机构对"韧性"的定义并不拘泥于一个视角，既有相似性，也有一定的差异性。塞耶德莫森等（Seyedmohsen *et al.*，2016）对其做了总结，其中与基础设施韧性相关的部分如下：

（1）有些定义并不重点强调"如何实现韧性"，而是着重于"吸收、适应"破坏性事件的能力及从灾害中自身"修复"的能力；

（2）对于工程系统而言，可靠性是韧性的重要特征之一；

（3）有些学者认为基础设施能够在灾害侵害下"恢复平稳状态水平"是韧性的必须条款之一，另外一些学者则持反向观点；

（4）许多学者认为韧性必须包括灾前的防范活动和灾后的修复活动两部分。

由此可以看出，基础设施在包括气候变化风险在内的外界侵害中能够稳定运行是保障经济和社会减少受灾损失的关键部分，提升"基础设施韧性"已经引起了决策者、学术界和工程师们的重视与关注，但不同的相关方对"韧性"的共性定义和理解仍有待进一步探索和确定。

二、韧性的度量方法

在衡量基础设施韧性的时候，当前的许多研究已经给出了明确的研究方法。包括韧性指数、多维度和多层次的韧性评价框架、动态故障投入产出模型、概率模型方法等。此外，在公路交通、水、天然气分布、电力传输和电信系统的复杂网络理论也已经应用于韧性分析中。这些研究大体可以分为定性和定量两种方法，塞耶德莫森等（Seyedmohsen *et al.*, 2016）将其归类如下：

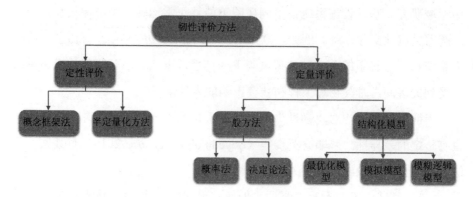

图 4-4　韧性评价方法的分类（Seyedmohsen *et al.*, 2016）

由于不同学者对于韧性的定义认定和研究方法不同，韧性度量主要从两个方面来衡量，一个是韧性的维度，一个是韧性的计算。定性评价主要侧重于确定韧性所包含的维度指标来评价一项基础设施的韧性。定量评价则是更进一步，在研究者确定维度指标之后，通过数学方法或模型来测算指标的具体量值。

根据上一节总结的不同韧性的定义和其指标，可以发现无论是基础设施系统，还是其他系统，韧性的关键度量指标可以包括：防范、吸收、适应和恢复四项。

根据这四项在不同基础设施系统中的体现，我们可以将基础设施韧性进一步细分为刚性、弹性和黏性三大类。

刚性基础设施系统具有强抵抗力，但一经损毁，修复的成本或难度极高，只能采用替换的方法来帮助系统恢复正常运转。例如被飓风吹断的电力供应网络中的输电线路。

弹性基础设施系统具有弱抵抗力，但受到破坏后可以迅速恢复到正常水平，如电闸。

黏性基础设施系统具有弱抵抗力，且其受到破坏后恢复到正常水平需要一段时间。大部分的基础设施系统往往属于黏性，如极端天气事件下拥堵的交通公路网。

表 4–10　韧性维度的划分

分类	防范（备余）	吸收	适应	恢复
刚性	√	√+	—	—
弹性	√	—	—	√+
粘性	—	—	√+	√

无论是定性评价还是定量评价，当前都属于主流的韧性评价理论，许多学者都基于不同研究对象提出与之相应的评价方法。

（一）定性评价方法

1. 概念框架法

斯特尔本茨等（Sterbenz et al., 2011）提出了构建一个可以评估通信网络的韧性评价框架，包括防御、发现、诊断、治疗、精炼和修复六个要素应该被纳入韧性框架中，且这个评价框架可以应用到通信网络以外的更多领域。瓦拉彻斯等（Vlacheas et al., 2013）就通信网络领域提出韧性网络框架，由可靠性、安全性、可用性、保密性、综合性、维护性、绩效及以上要素之间的相互作用组成。还有学者认为韧性应该具备吸收能力、适应能力和修复能力（Vugrin et al., 2011）。其中吸收能力是系统从破坏事件中吸收冲击的能力；适应能力是系统在短时间适应新冲击状况的能力；修复能力是指系统在适应能力不起作用的时候，能够修复自己的能力。瓦格林（Vugrin）采用了一个韧性成本指数（RCI），计算外部风险破坏事件造成系统的损失成本和修复成本。施拉里等（Shirali et al., 2012）提出了化工厂在增强其自身韧性时遇到的主要问题：缺乏相关韧性工程的经验、韧性工程水平难以确定、生产被视为大于安全、缺乏监管系统、宗教信仰问题、过时的流程和指南、缺乏反馈机制和经济问题。

2. 半量化方法

半量化分析方法常用于评价符合系统特征的不同韧性组成部分，打分制是其最主要的形式，由研究者喜好来决定其是采用 10 分制还是 100 分制。通过专家打分或实际数据转换得分，并用一定方式加总得出最后的韧性指数。

卡特尔等（Cutter *et al.*, 2008）认为社区面临的自然灾害定义了 36 个韧性变量，覆盖备余量、灵敏度和稳健性三方面，经济、基础设施、社会、社区资本和管理五个领域。每个变量根据政府数据库提供的观测值来打分，每类指标都使用平权法相加，最后再平权加总得到总分。佩蒂提（Pettit, 2008）提出在产业供应链中有两个关键驱动韧性因子，即供应链的脆弱性水平和供应链在极端事件中抵抗和修复自身的能力。

（二）定量评价方法

定量的韧性评价方法可以分为一般方法和结构化模型两种。

1. 一般方法

一般的韧性评价方法是通过系统效能表现来衡量韧性的方法，其中并不考虑系统结构性的问题。表 4–11 中列举的一般方法下包含的多种方法的核心思想是类似的，即通过比较系统在受灾前后的效能表现差异来计算系统的韧性。这些方法可以被分为决定论方法和随机方法两类，且都可以用来描述系统的动态和静态行为。

表 4–11　一般定量评价方法相关研究

编号	作者	领域	方法	特点	动/静态	风险
1	Bruneau *et al.*, 2003	社区	决定论	韧性三角	静态	地震
2	Zobel, 2011	通用	决定论	韧性三角	静态	—

续表

编号	作者	领域	方法	特点	动/静态	风险
3	Zobel and Khansa, 2014	通用	决定论	扩展的韧性三角	静态	多次风险
4	Cox et al., 2011	交通	决定论	韧性矩形	静态	恐怖袭击
5	Henry and Ramirez-Marquez, 2013	交通	决定论	时序韧性矩形	动态	山体滑坡、洪水
6	Omer et al., 2014	软基础设施	决定论	网络紧密中心度	动态	信息中断
7	Chen and Miller-Hooks, 2012	交通	决定论	预算约束下的修复程度	静态	炸弹、恐袭、洪水、地震和多点攻击
8	Janic, 2015	航空交通网络	决定论	预算约束下的达标比例	静态	飓风
9	Enjalbert et al., 2011	交通	决定论	部分韧性和全局韧性	动态	—
10	Francis and Bekera, 2014	供电系统	决定论	要素：系统恢复力、吸收力和适应力	动态	飓风
11	Chang and Shinozuka, 2004	社区	概率论	要素：效用损失和修复时间	静态	地震
12	Ouyang et al., 2012	城市基础设施	概率论	多种灾害下的年均韧性	动态	设备损坏、动植物干扰、人为失误和飓风
13	'Ayyub, 2014	通用	概率论	要素：系统强度和系统负载	动态	—
14	Hashimoto et al., 1982	水资源系统	概率论	群众满意度	静态	干旱
15	Franchin and Cavalieri，2015	城市基础设施	概率论	基础设施空间布局的效用	静态	地震
16	Pant et al., 2015	交通	概率论	时序韧性矩形的新算法	静态	—
17	Attoh-Okine et al., 2014	城市基础设施	概率论	D-S证据理论，适用于互联基础设施网络	静态	—

2. 结构化模型

结构化模型方法的思想是研究系统的结构如何影响其韧性，可以分为三种类型：最优化模型、模拟模型和模糊逻辑模型，如表 4–12。

表 4–12　结构化模型分类研究

序号	作者	领域	方法	特点	动态/静态	风险
1	Faturechi et al., 2014	航空网络	最优化	防范和修复整合模型	动态	洪水、冰灾、酷热、操作事故、恶意行为
2	Faturechi and Miller-Hooks, 2014	交通	最优化	多目标三阶段随机模型	动态	地震、洪水和恶意行为
3	Azadeh et al., 2014	石油化工厂	最优化	数据包络分析	静态	—
4	Baroud et al., 2014	水路网络	最优化	分量重要性测度	静态	—
6	Khaled et al., 2015	交通	最优化	迭代启发式算法	动态	拥堵
7	Vugirn et al., 2014	交通	最优化	网络设计问题模型	动态	洪水
8	Ash and Newth, 2007	电脑网络	最优化	级联失误模型	动态	—
9	Alderson et al., 2014		最优化	双层攻击模型、三层防御模型	动态	—
11	Carvalho et al., 2012	供应链	模拟模型	模拟供应链设计	动态	—
12	Virginia et al., 2012	供应链	模拟模型	时间误差绝对值积分	动态	—
13	Jain and Bhunya, 2010	水库	模拟模型	蒙特卡洛模拟	静态	洪水、干旱
14	Adjetey-Bahun et al., 2014	交通	模拟模型	整合铁路所有相关部门分析	动态	设备故障
16	Muller et al., 2012	城市基础设施	模糊逻辑模型	分析关联基础设施系统	动态	—

三、基础设施治理——以资产管理的角度

（一）资产管理的概念、要素和目标

不仅是气候变化风险，还是社会不平等、自然灾害和偶发事件等风险都一同促使基础设施管理走向系统化。把基础设施系统当作资产管理的一种目标，是当前较为流行的方式。资产管理是在基础设施维护和管理领域的新学科。尽管过去多年来它在不同地区已经有了诸多应用，但却迟迟没有形成广泛统一的标准和规范流程（Srirama Bhamidipati, 2015）。PAS-55（IAM 和 BSI，2008）提出了对 28 种物理资产不同角度的管理标准，跨越基础设施的整个生命周期。2014 年问世的 ISO 55000 则提出了包含范围更广的资产管理导则，不只含有物理资产。

资产管理，从更宏观的层面来说，是为资产预计风险并通过实践管理使其最小化的标准行为集合，实践管理包括资产的建设、维护、修复和处置。ISO 55000 则定义资产管理为一个机构实现其资产价值的所有相关活动。IPWEA（2015）提出的 IIMM 认为，基础设施资产管理是通过成本控制的生命周期管理，一个机构完成其目标的最优可持续的系统的活动和实践。IIMM 定义了资产管理实践的五个关键要素：服务和监管绩效的水平和分级、需求变动的管理、生命周期方法、风险管理、最优的长期融资计划。

当前资产管理实践工作仍旧建立在工程师和管理人员的工作经验上，在应对气候变化风险下的基础设施领域仍存在大量的知识空白，在减缓和适应两方面均如此。对于资产管理者而言，适应领域在减少基础设施在气候变化下的负面影响更加重要。IPCC 在 2012 年发布的报告中提到，极端气候事件带来的风险需要引起足够的重视，结合气候适应活动的灾害管理方案，讨论了基础设施主流价值评估中的资产管理。气候变化风险下的基础设施资产管理已经引起了许多国家的重视。其中，美国多个部门早在十年前开始，就推

出了一系列相关的管理制度和措施，包括美国制定和实施气候变化科学计划（USCCSP，2008），美国国有公路运输管理员协会（AASHTO，2011），联邦公路局（FHWA，2012）等。

（二）管理的分类及领域

由于资产管理缺乏系统性和标准化，当前资产管理存在三个明显的缺点。

第一，现有方法多是制定一个事件或者情景假设，之后分析在该条件下基础设施所受到的影响。这种方法是静态的，适应于气候变化风险的短期应对，而不是基础设施的长期维护和管理。

第二，当前资产管理者关注更多的是基础设施的脆弱性，特别是在极端气候事件中资产的可用性。发现和识别脆弱性之后，资产管理者往往只关注这些特殊部分。这在常规维护中是有效的，但在气候变化风险的加持之下，容易引起资源错配，因为气候变化事件的影响范围极广。

第三，因为基础设施的互联性，气候变化风险所引发的不同基础设施部门之间的相互影响无法被忽视。不同部门间的风险传导和脆弱性关联目前仍然重视不足。

伴随着气候变化和其不确定性的显著变化，资产管理者正在寻求不同的方法以重新制定和评估资产及其维护的长期策略。

（三）气候变化下的资产管理主流工具和系统方法

一个易于使用的信息管理系统是高效资产管理的核心。世界许多机构正致力于收集多元数据，并整合现存的数据库。碎片化的、不持续的、不细致的资产管理信息和进程，不足的、低效的机构间合作与沟通，限制了资产管理水平的提升（Yifan Yang *et al.*，2018）。这些可以通过建立逐步完善的信息管理系统来改善，也成为当前高效资产管理系统的前进方向。

许多学者正在深入研究嵌入结构化地理数据的网络基础设施管理系统，

为项目级别的活动规划提供分析模块。同时，不少学者也正在进行包含综合资本投资、进度规划和绩效测评的信息数据库框架研究。已经有一些较为前沿和先进的案例可以供更多想要创建气候变化下的基础设施资产管理工具的决策者和研究人员所借鉴，例如美国水资源信息数据库（Jung *et al.*, 2013）。

结合当前信息通信技术的快速发展，如果能将 5G、云处理和大数据分析技术应用到气候变化下的基础设施资产管理，将可能有助于高速提升管理效率和应对气候变化风险的能力，许多学者也正在这个领域有所突破。

第四节　结　　论

关键基础设施是支撑我们国家经济、社会环境可持续发展的生命系统。气候变化对关键基础设施有重要影响，主要表现在三个方面，一方面是气候变化影响基础设施的规划建设与运营，其次是气候变化增长基础设施的成本，第三是基础设施诸如绿色基础设施等对气候变化有减缓作用。

温度、降水、海平面上升、风暴潮及飓风等极端天气事件的发生，对交通、能源、水利通信等基础设施产生重大风险，威胁基础设施寿命，且由于不同基础设施间存在相互关联，极端天气事件的发生还有可能导致整个基础设施网络的中断，产生级联风险。具体来说，极端温度是影响能源基础设施的主要因素；极端温度和强降水是影响交通、物流及水利基础设施的主要因素；海平面上升及风暴潮、飓风等是影响通信基础设施的主要因素。

风险评估是从气候变化影响到应对的必然要求和链接桥梁，其中影响程度是风险评估的基础。气候变化风险评估为及时识别风险和评估影响的严重程度提供依据。通过应用多方利益攸关的方法评估气候脆弱性，可显著提高基础设施抗风险能力的可持续发展。基础设施间的互相关联的风险评估未来研究的热点问题。

面对频发的极端天气事件，减弱气候变化风险所可能带来的对基础设施的影响和破坏，提升基础设施组织和系统在各类风险侵害下平稳运行的能力即提升基础设施的韧性是越来越多学者关注的重点问题。把基础设施系统当作资产管理的一种目标，是当前较为流行的方式。从资产管理的角度，管理基础设施系统，并结合当前信息通信技术的快速发展，将大数据分析技术应用到气候变化下的基础设施资产管理，将可能有助于高速提升管理效率和应对气候变化风险的能力。

参考文献

AASHTO, 2011. Transportation Asset Management Guide. Available at: https://bookstore. transportation.org/item_details.aspx?id=1757.

ADB, 2012. Climate Risk and Adaptation in the Electric Power Sector. ADB (Asian Development Bank), Philippines.

Adger, W.N., 2000. Social and ecological resilience: are they related? *Progress in Human Geography*, 24(3).

Alderson, D.L, G.G. Brown and W.M. Carlyle, 2014. Assessing and improving operational resilience of critical infrastructures and other systems. *Tutor Oper Res*.

Allenby, B., J. Fink, 2005. Toward inherently secure and resilient societies. *Science*, 309(5737).

Tang, A.M., P.N. Hughes and T.A. Dijkstra, 2018. Atmosphere–vegetation–soil interactions in a climate change context; impact of changing conditions on engineered transport infrastructure slopes in Europe. *Quarterly Journal of Engineering Geology and Hydrogeology*, 51(2).

Ash, J., D. Newth, 2007. Optimizing complex networks for resilience against cascading failure. *Phys: Stat Mech Appl*, 380.

Attoh-Okine, N.O., A.T. Cooper and S.A. Mensah, 2009. Formulation of resilience index of urban infrastructures using belief functions. *IEEE Syst J*, 3(2).

Ayyub, B.M., 2014. Systems resilience for multihazard environments: definition, metrics, and valuation for decision making. *Risk Anal*, 34(2).

Azadeh, A., V. Salehi, B. Ashjari and M. Saberi, 2014. Performance evaluation of integrated resilience engineering factors by data envelopment analysis: the case of a petrochemical plant. *Process Saf Environ Prot*, 92.

Baroud, H., J.E. Ramirez-Marquez, C.M. Rocco, 2014. Importance measures for inland waterway network resilience. *Transp Res E*, 62.

Bates, B., Z.W. Kundzewicz, S. Wu and J. Palutikof, 2008. Le changement climatique et l'eau– Rapport du Groupe d'Experts Intergouvernemental sur l'Évolution du Climat. *IPCC Secretariat, Geneva*, 25.

Becker, A, M. Fischer and B. Schwegler, 2011. Considering climate change: A survey of global seaport administrators. Working paper, Centre for Integrated Facility Engineering. Stanford University, Stanford, CA.

Becker, A., 2016. The state of climate adaptation for ports and the way forward. In A. K. Y. Ng, A. Becker, S. Cahoon, S. L. Chen, P. Earl and Z. Yang (Eds.). *Climate change and adaptation planning for ports*, 17.

Bettina, S., P. Manso and M. Fischer, 2019. The role of glacier retreat for Swiss hydropower production. *Renewable Energy*, 132.

Bruneau, M., S.E. Chang, R.T. Eguchi, *et al.*, 2003. A framework to quantitatively assess and enhance the science the seismic resilience of communities. *Earthq Sprctra*, 19(4).

Carvalho, H, A.P. Barroso, V.H. Machado, *et al.*, 2012. Supply chain redesign for resilience using simulation. *Comput Ind Eng*, 62(329).

Chang, S.E., T.L. Mcdaniels, J. Mikawoz, *et al.*, 2007. Infrastructure failure interdependencies in extreme events: power outage consequences in the 1998 Ice Storm. *Natural Hazards*, 41(2).

Chang, S.E., M. Shinozuka, 2004. Measuring improvements in the disaster resilience of communities. *Earthq Spectra*, 20(3).

Chen, L, E. Miller-Hooks, 2012. Resilience: an indicator of recovery capability in intermodal freight transport. *Transp Sci*, 46(1).

Cleo, V. M., L. M. Shakou, G. Boustras, *et al.*, 2017. Energy critical infrastructures at risk from climate change: A state of the art review. *Safety Science*, 110.

Coffel, E., R. Horton, 2015. Climate change and the impact of extreme temperatures on aviation Weather Clim, *Soc*,(7).

Cox, A, F. Prager and A. Rose, 2011. Transportation security and the role of resilience: a foundation for operational metrics. *Transp Policy*, 18(2).

Cumming, G.S., G. Barnes, S. Perz, *et al.*, 2005. An exploratory framework for the empirical measurement of resilience. *Ecosystems*, 8(8).

Cutter, S.L., M. Berry, C. Burton, *et al.*, 2008. Place based model for understanding community resilience to natural disasters. *Glob Environ Change*, 18(4).

Davis, M, S. Clemmer, 2014. How Climate Change Puts Our Electricity at Risk. Power Failure, union of concerned scientists.

Dawson, R. J., T. David, J. Daniel, *et al.*, 2018. A systems framework for national assessment of climate risks to infrastructure. *Philosophical Transactions of the Royal Society*, 376(2121).

DHS Risk Steering Committee, 2008. U.S. Department of Homeland Security Risk Lexicon. United States Department of Homeland Security, Washington DC.

Dijkstra, T., N. Dixon, 2010. Climate change and slope stability in the UK:challenges and approaches. *Quarterly Journal of Engineering Geology and Hydrogeology*, 43.

Dudenhoeffer D.D., M.R. Permann, R.L. Boring, 2006. Decision consequence in complex environments: Visualizing decision impact//Proceeding of Sharing Solutions for Emergencies and Hazardous Environments. American Nuclear Society Joint Topical Meeting: 9th Emergency Preparedness and Response/11th Robotics and Remote Systems for Hazardous Environments.

EEA, 2010. Adapting to climate change,The European Environment-State and Outlook, Copenhagen. Splaiul Unirii : Electra Publishing House.

Elshorbagy, A, K. Lindenas and H. Azinfar, 2018. Risk-based quantification of the impact of climate change on storm water infrastructure. *Water Science*.

Enjalbert, S, F. Vanderhaegen, M. Pichon M, *et al.*, 2011. Assessment of transportation system resilience. In: Cacciabue C, Hjälmdahl M, Luedtke A, Riccioli C, editors. human modeling in assisted transportation Springer-Verlag Italia Srl. 335.

Faturechi, R, E.Levenberg, E. Miller-Hooks, 2014. Evaluating and optimizing resilience of airport pavement networks. *Comput Oper Res*. 43.

Faturechi, R, E. Miller-Hooks, 2014. Travel time resilience of roadway networks under disaster. *Transp Res B*, 70.

FHWA, 2012. Risk-Based Transportation Asset Management: Evaluating threats, capitalizing on opportunities, FHWA.

Fiksel, J., 2006. Sustainability and resilience: toward a systems approach. *Sustainability: Science Practice and Policy*, 2(2).

Franchin, P, F. Cavalieri, 2015. Probabilistic assessment of civil infrastructure resilience to earthquakes. *Computer-Aided Civil and Infrastructure Engineering*, 30(7).

Francis, R, B. Bekera, 2014. A metric and frameworks for resilience analysis of engineered and infrastructure systems. *Reliab Eng Syst Saf*, 12.

Fujita, Y., 2006. Systems are ever-changing. In: Hollnagel E, Woods DD, Leveson N, editors. Resilience engineering: concepts and precepts, 3. Hampshire, UK: Ashgate.

Garg, A, P. Naswa, P.R. Shukla, 2015. Energy infrastructure in India: Profile and risks under climate change. *Energy Policy*, 81.

Godden, L., A. Kallies, 2012. *Electricity network development: new challenges for Australia. In: Energy Networks and the Law: Innovative Solutions in Changing Markets*. Oxford University Press, Oxford.

Grote, G., 2006. Rules management as source for loose coupling in high-risk systems. In: Proceedings of the second resilience engineering symposium.

Gunderson, L., C.S. Holling, Pritchard L, *et al.*, 2002. In: Mooney H, Canadell J, editors. Encyclopedia of global environmental change, 2. Scientific Committee on Problems of the Environment.

Haimes, Y.Y., 2009. On the definition of resilience in systems. *Risk Analysis*, 29(4).

Hale, A., T. Heijer, 2006. Defining resilience. In: Hollnagel E, Woods DD, Leveson N,editors. Resilience engineering: concepts and precepts, 3. Hampshire, UK: Ashgate.

Hallegate, S., N. Patmore, O. Mestre, *et al.*, 2008. Assessing climate change impacts, sea level rise and storm surge risk in port cities: a case study on Copenhagen. *Climatic Change*, 104(1).

Hashimoto, T., 1982. Reliability, resiliency, and vulnerability criteria for water resource system performance evaluation. *Water Resour Res*, 18(1).

Henry, D, J.E. Ramirez-Marquez and C.M. Rocco, 2013. Resilience-based network component imoirtance measure. *Reliab Eng Syst Saf*. 117.

Holling, C.S., 1973. Resilience and stability of ecological systems. Annual review of ecology and systematics.

Holling, C.S., 1996. Engineering Resilience Versus Ecological Resilience. Engineering within Ecological Constraints. Washington, DC : National Academy Press.

Wallingford, H.R., AMEC Environment & Infrastructure UK Ltd, The Met Office, *et al.*, 2012. The UK Climate Change Risk Assessment 2012 Evidence Report: Project deliverable number D.4.2.1, Release 8. London, UK: Department for Environment Food and Rural Affairs. See. https://www.gov.uk/government/publications/uk-climate-change-riskassessment-government-report.

Institute of Asset Management, British Standard Institution, 2008. http://www. Assetmana-gementstandards.com/pas-55/.

IPCC, 2007. Climate Change 2007 - The Physical Science Basis. Contribution of Working Group I to the Fourth Assessment Report of the IPCC.

IPCC, C.B. Field, V. Barros, *et al.*, 2012. Managing the Risks of Extreme Events and Disasters to Advance Climate Change Adaptation.

IPCC, 2012 Managing the risks of extreme events and disasters to advance climate adaptation: a special report of working groups I and II of the intergovernmental Panel on Climate Change. Cambridge, Britain: Cambridge University Press.

IPCC, 2014. Climate change 2014: Impacts, adaptation, and vulnerability. Part A: Global and sectoral aspects. Working group II contribution to the IPCC fifth assessment report. Cambridge, Britain: Cambridge University Press.

IPWEA, 2015. International infrastructure management manual (IIMM). Wellington, New Zealand: Institute of Public Works Engineering Australasia.

Sterbenz, J.P.G., E.K. Cetinkaya, M.A. Hameed, *et al.*, 2011. Modeling and analysis of network resilience. In: Proceddings of the IEEE COMSNETS, Bangalore. India.

Jain, S.K., P.K. Bhunya, 2010. Reliability, resilience and vulnerability of a multipurpose storage reservoir. Hydrol Sci J, 53(2).

Janic, M., 2015. Modeling the resilience, friability and costs of an air transport network affected by a large-scale disruptive event. Transp Res A., 71.

Jaramillo, P., A. Nazemi, 2018.Assessing urban water security under changing climate: Challenges and ways forward. Sustainable cities and society, 41.

Jim, C. Y., 2015. Assessing climate-adaptation effect of extensive tropical green roofs in cities. Landscape and Urban Planning, 138.

Jollands, N., M. Ruth, C. Bernier, *et al.*, 2007. The climate's long-term impact on New Zealand infrastructure (CLINZI) project e a case study of Hamilton city, New Zealand. J. Environ. Manag., 83(4).

JRC, 2012. PESETA II. The Impact of climate change on the European energy system, Report to the European Commission, DG Climate Action, Ispra.

Adjetey-Bahun K., B. Birregah, E. Chatelet, *et al.*, 2014. Planchet, A simulation-based approach to quantifying resilience indicators in a mass transportation system. In: Proceedings of the 11th international ISCRAM conference, University Park, Pennsylvania.

Kendra, J.M., T. Wachtendorf, 2003. Elements of resilience after the World Trade Center disaster: reconstituting New York City's emergency operations centre. Disasters, 27(1).

Khaled, A.A., M. Jin, D.B. Clarke *et al.*, 2015. Train design and routing optimization for evaluating criticality of freight railroad infrastructures. Transp Res B, 71.

Kim, K., S. Ha and H. Kim, 2017. Using real options for urban infrastructure adaptation under climate change. Journal of cleaner produ ction, 143.

Kinzig, A.P., P. Ryan, M. Etienne, et al., 2006. Resilience and regime shifts: assessing cascading effects. Ecology and Society, 11 (1).

Kirshen, P., M.Ruth and W. Anderson, 2008. Interdependencies of urban climate change impacts and adaptation strategies: a case study of metropolitan Boston USA. Clim. Change, 86 (12).

Kundzewicz, Z.W., V. Krysanova, R.E. Benestad, et al., 2018. Uncertainty in climate change impacts on water resources. Environmental Science & Policy, 79.

Laros, M., F, Jones, 2014. The state of African cities 2014: re-imagining sustainable urban transitions.

Larsen, P.H., S. Goldsmith, O. Smith, et al., 2008. Estimating future costs for Alaska public infrastructure at risk from climate change. Global Environmental Change, 18(3).

Leonard, M., S. Westra, A. Phatak et al., 2014. A compound event framework for understanding extreme impacts. Wiley Interdisciplinary Reviews: Climate Change, 5(1).

Marrocha, N., V. Babovic, 2016. Planning Flood Risk Infrastructure Development under Climate Change Uncertainty. Procedia Engineering, 154.

Matko, M., M. Golobič and B. Kontić, 2017. Reducing risks to electric power infrastructure due to extreme weather events by means of spatial planning: Case studies from Slovenia. Utilities Policy, 44.

McCarthy, J.A., 2007. From protection to resilience: injecting'Moxie' into the infrastructure security continuum.Arlington, VA: Critical Infrastructure Protection Program at George Mason University School of Law.

McColl, L., T. Angelini and R. Betts, 2012. Climate change risk assessment for the energy sector. Cimate change risk assessment UK2012. London : HR Wallingford.

Mcevoy, D., I. Ahmed and J. Mullett, 2012. The impact of the 2009 heat wave on Melbourne's critical infrastructure. Local Environment,17(8).

Mckeever, E., 2008. The Pitt Review - Lessons learned from the 2007 summer floods.

Minville, M., F. Brissette, S. Krau, et al., 2009. Adaptation to climate change in the management of a Canadian water-resources system exploited for hydropower. Water Resources Management, 23(14).

Muller, G., 2012. Fuzzy architecture assessment for critical infrastructure resilience. Procedia Comput Sci. 12.

National Infrastructure advisory council (NIAC), critical infrastructure resilience: final report and recommendations: 2009.

Nogal, M., A. O. Connor, B. Caulfield, *et al.*, 2016. A multidisciplinary approach for risk analysis of infrastructure networks in response to extreme weather. Transportation research procedia, 14.

Omer, M., A. Mostashari and U. Lindemann, 2014. Resilience analysis of soft infrastructure systems. Procedia Comput Sci. 28.

Oppenheimer, M. M., M.M. Campos, R.R. Warren, *et al.*, 2015. Emergent risks and key vulnerabilities.

Ouyang, M., L. Duenas-Osorio and X. Min, 2012. A three-stage resilience analysis framework for urban infrastructure systems. Struct Saf.

Ouyang, M, Z. Wang, 2015. Resilience assessment of interdependent infrastructure systems: with a focus on joint restoration modeling and analysis. Reliab Eng Syst Saf, 141.

Ouyang, M., 2014. Review on modeling and simulation of interdependent critical infrastructure systems. Reliability engineering & System safety, 121.

Pant, R., K. Barker, J.E. Ramirez-Marquez, *et al.*, 2014. Stochastic measures of resilience and their application to container terminals. Comput Ind Eng, 70.

Perrings, C., 2006. Resilience and sustainable development. Environment and Development Economics, 11(4).

Pettit, T.J., J. Fiksel and K.L. Cronxton, 2010. Ensuring supply chain resilience: development of a conceptual framework. J Bus Logist 31(1).

Pignataro, J.R., 2017. Arizona's extreme heat causes airlines to cancel flights, IBT.

Pregenzer, A., 2011. Systems resilience: a new analytical framework for nuclear nonproliferation. Albuquerque, NM: Sandia National Laboratories.

Rinaldi, S.M., J.P. Peerenboom and T.K., Kelly, 2001. Identifying, understanding, and analyzing critical infrastructure interdependencies. IEEE Control Systems, 21(6).

Robert, J. N., 2004. Coastal flooding and wetland loss in the 21st century: changes under the SRES climate and socio-economic scenarios.Global Environmental Change, 14 (1).

Rose, A., 1999. Defining and measuring economic resilience to earthquakes.Buffalo, NY: University of Buffalo NSF Earthquake Engineering Research Center.

Schwartz, H. G., M. Meyer, C. J. Burbank, *et al.*, 2014: Ch. 5: Transportation. Climate Change Impacts in the United States: The Third National Climate Assessment, Melillo J. M., T.C. Richmond, and G. W. Yohe, Eds., U.S. Global Change Research Program. doi:10.7930/J06Q1V53.

Seyedmohsen, H., K. Barker, E. Jose, *et al.*, 2016. A Review of Definitions and Measures of

System Resilience. Reliability Engineering and System Resilience, 145.

Shirali, G.H.A., I. Mohammadfam, M. Motamedzade, *et al.*, 2012. Assessing resilience engineering based on safety culture and managerial factors. Process Safy Prog, 30(1).

Simin D., 2018. Just Resilience. City & Community, 17(1).

Srirama, B., 2015. Simulation framework for asset management in climate-change adaptation of transportation infrastructure. Transportation Research Procedia, 8.

Steiner, K., S. Sinha, G. Whittle, *et al.*,2011. Development of a National Web-based Interactive Database of Renewal Technologies for Water and Wastewater Pipelines. Proceedings of the Water Environment Federation, 2011(5).

Treasury, H.M., 2015. National infrastructure plan 2014. London, UK: HM Treasury W.J., N. Garemo, J. Mischke, *et al.*, 2016. Bridging global infrastructure gaps. San Francisco, CA: McKinsey Global Institute.

Tsavdaroglou, M., S.H.S. Al-jibouri, T. Bles, *et al.*, 2018. Proposed methodology for Risk analysis of interdependent Critical Infrastructures to Extreme weather events. International Journal of Critical Infrastructure Protection, (21).

Udie, J., S. Bhattacharyya and L. Ozawa-Meida L., 2018. A conceptual framework for vulnerability assessment of climate change impact on critical oil and gas infrastructure in the Niger Delta. Climate, 6(1).

US Global Change Research Program 2014 National Climate Assessment. Washington, DC: U.S. Global Change Research Program. See http://nca2014.globalchange.gov.

USCCSP, 2008. Impacts of Climate Change and Variability on Transportation Systems and Infrastructure: Gulf Coast Study, Phase I. U.S. Climate Change Science Program.

Virginia, L.M., M. Spiegler, M.M. Naim *et al.*, 2012. A control engineering approach to the assessment of supply chain resilience. Int J Prod Res, 50 (21).

Vlacheas, P., V. Stavroulaki, P. Demestichas, *et al.*, 2013. Towards end-to-end network resilience. Int J Crit Infrastruct Prot. 6(3-4).

Vugin, E.D., D.E. Warren and M.A. Ehlen, 2011. Framework for infrastructure and Economic systems: quantitative and qualitative resilience analysis of petrochemical supply chains to a hurricane. Process Saf Prog, 30(3).

Vugrin, E.D., M.A. Turnquist and N.J.K. Brown, 2014. Optimal recovery sequencing for enhanced resilience service restoration in transportation networks. Int J Crit Infrastruct.

Wallace, W.A., D. Mendonça, E. Lee, *et al.*, 2001. Managing disruptions to critical interdependent infrastructures in the context of the 2001 World Trade Center attack. Impacts of and Human Response to the September 11, 2001 Disasters: What Research Tells

Us.

Warren, F.J., D.S. Lemmen, (eds), 2014. Canada in a changing climate: sector perspectives on impacts and adaptation. Ottawa, ON: Government of Canada. See http://www.nrcan.gc.ca/environment/resources/publications/impacts adaptation/reports/assessments/2014/ 16309.

Williams, P.D., 2016. Transatlantic flight times and climate change. Environ Res Lett, 11(2).

Woods, D., R. Cook, 2006. Incidents-markers of resilience or brittleness. In: Hollnagel E, Woods DD, Leveson N, editors. Resilience Engineering: Concepts and Precepts. Hampshire, UK: Ashgate.

Woods, DHE. Resilience-the challenge of the unstable. Burlington: Ashgate Publishing Company.

Xavier, E., A. Schweikert, N. Heever, et al., 2016. Planning resilient roads for the future environment and climate change: Quantifying the vulnerability of the primary transport infrastructure system in Mexico. Transport Policy, 8(50).

Yifan, Y., S. Thomas, J. Frank, et al., 2018. Towards sustainable and resilient high density cities through better integration of infrastructure networks. Sustainable Cities and Society, 42.

Zachariadis T., 2012a. Climate change in Cyprus: Impacts and adaptation policies.Cyprus Econ. Policy Review, 6(1).

Zhang, P., S. Peeta, 2011. A generalized modeling framework to analyze interdependencies among infrastructure systems. Transportation Research Part B: Methodological, 45(3).

Zhou Y., N. Zhang and C. Li, 2018. Decreased takeoff performance of aircraft due to climate change, Climatic Change, 151.

Ziervogel, G., M. New, A.V.G. Emma, et al., 2014. Climate change impacts and adaptation in South Africa. Wiley Interdisciplinary Reviews: Climate Change, 5(5).

Zimmerman, R., 2001. Social implications of infrastructure network interactions. Journal of Urban Technology, 8(3).

Zobel, C.W., L. Khansa, 2014. Characterizing multi-event disaster resilience. Comput Oper Res, 42.

Zobel, C.W., 2011. Representing perceived tradeoffs in defining disaster resilience. Decis Support Syst. 50(2).

贾金生、马静、郑璀莹："变化世界中的大坝与水电发展"，《水力发电》，2011 年第 37 期。

刘秀英、李芬、范永玲："强降水对铁路安全的影响"，《科技情报开发与经济》，2007 年第 17 期。

M.M.Q.米尔扎、常箭："气候变化对水力发电的影响"，《水利水电快报》，2009 年第 30 期。

魏淑玲："浅谈农田水利基础设施的现状与思考"，《农民致富之友》，2014 年第 20 期。

吴绍洪、高江波、邓浩宇等：“气候变化风险及其定量评估方法”，《地理科学进展》，2018年。

杨宁昱：“西媒：北极冬季冰层缩减到 1979 年以来最小”，2016 年。http://www.cankaoxiaoxi.com/science/20160330/1114315.shtml.2016-3-30.

杨永鹏、孟进宝、韩龙武等：“青藏铁路路基下多年冻土演化特征及规律研究”，《铁道建筑》，2018 年第 58 期。

张存杰、黄大鹏、刘昌义、刘起勇：“IPCC 第五次评估报告气候变化对人类福祉影响的新认知”，《气候变化研究进展》，2014 年第 10 期。

张敬伟：“气候变化对鄱阳湖生态经济区电力和铁路运输业的影响分析”，江西师范大学，2010 年。

张雪艳、、何霄嘉、马欣：“中国快速城市化进程中气候变化风险识别及其规避对策”，《生态经济》，2018 年第 34 期。

张智、林莉、李香芳：“宁夏铁路沿线大风及强降雨分布特征”，《宁夏工程技术》，2007年第 17 期。

第五章　碳社会成本与气候变化影响估算

第一节　引　言

气候变化对自然系统、生态系统和人类社会经济系统产生了广泛的影响，主要影响体现在冰川融化、极端气候事件、海水酸化、干旱洪涝灾害、农作物产量下降等极大影响人类社会健康发展等方面（IPCC，2013）。根据IPCC第五次评估报告的分析，1880～2012年，全球平均气温已经上升了约0.85摄氏度。为了尽可能降低气候变化对于人类生存环境的影响，降低极端天气事件及气候灾害的发生风险，尤其是考虑到海平面上升对小岛屿国家和全球低洼地区的威胁，历次国际气候谈判均将控制全球平均气温上升幅度作为全球应对气候变化的主要措施和目标。

2009年在丹麦哥本哈根通过的《哥本哈根协定》第一次确立了全球温升2摄氏度的控制目标，2015年底达成的《巴黎协定》在2摄氏度温升目标的基础上又将全球温升控制在1.5摄氏度之内作为21世纪努力完成的目标。与2摄氏度温升情景相比，1.5摄氏度温升目标意味着各国必须付出最大程度上的努力以减少温室气体的排放。这对于发达国家和发展中国家而言都是一个挑战。这就要求全球需要进一步在合作的基础上进一步加大各国的减排力度，来增加1.5摄氏度温升目标的可能性。

面对气候变化方面的挑战，需要制定减缓气候变化的战略和措施。那么如何来评估这些气候政策是否有效是一个关键性的问题。碳社会成本（Social Cost of Carbon, SCC）是对特定年份的边际碳排放所造成损失的一种货币化评价。它反映了当前单位碳排放能够造成的社会总福利的减少，是气候政策的成本效益评估中决定是否立刻采取行动的重要指标，有助于全面量化排放二氧化碳的损害。

在最优的气候政策条件下，碳社会成本应当等于边际减排成本。目前这方面的测算主要借助于气候变化综合评价模型，如 FUND、PAGE、DICE 等，以及在这基础上拓展的一般均衡模型（CGE 模型）的模拟。这些综合评价模型目前已经成为众多政府和学术机构报告中所采用的重要工具。此外，更多的研究气候变化带来的各方面的实证研究也为进一步改善碳的社会成本测算提供了实证参数的支持。尽管由于评估方法的不确定性和未能纳入所有影响的局限性，SCC 不能作为气候变化损害的完美估计。然而，它仍然是政策制定者的重要参考。

本章主要介绍了碳社会成本的概念和内涵、目前的主要测算方法以及其在实际政策制定中的应用。碳社会成本的估算牵涉到复杂的综合评估模型，其中既涉及自然碳循环过程的科学模拟部分，又与经济学中价值评估的相关内容息息相关，此外由于气候变化政策的成本与伴随的环境损害效益虽然可能发生在近期，但其直接气候效益往往发生在几百年之外，因此如何选择折现率？损害方程如何估计？风险评估如何在决策过程中进行应用？这些都是 SCC 评估中的重要问题。我们从 SCC 的三个主要方面着手：综合评估模型、拓展的复杂 CGE 模型、气候变化影响的计量实证研究出发，探讨碳社会成本的评估方法论与其中的主要技术挑战，以及在中国国情环境如何将 SCC 纳入中国的气候政策评估。

第二节　碳社会成本的概念与政策意义

碳的社会成本指的是全世界每增长一个单位的二氧化碳当量（二氧化碳

或非二氧化碳温室气体）的排放带来的全社会边际福利的下降成本。应对气候变化减缓与适应政策的评估都要求对这些政策进行成本效益的定量评估。这些评估离不开用货币值衡量的边际碳排放成本，因此碳社会成本对于气候变化经济学领域的定量研究具有非常重要的意义，目前已经成为当前气候变化经济学领域的一个研究热点方向。在实际的政策制定中，由于碳社会成本可以定量地体现碳排放的外部性，这就为基于成本收益分析进行碳税征收、碳排放权交易以及确定减排目标等提供了基础。

关于温室气体排放社会成本估算的学术研究始于 20 世纪 80 年代早期经济学家威廉·诺德豪斯（William D. Nordhaus）的研究，并在 20 世纪 90 年代早期由许多研究人员继续进行（例如，Ayres *et al.*, 1991; Nordhaus, 1991; Haraden, 1992; Peck *et al.*, 1992; Reilly *et al.*, 1993; Fankhauser, 1994）。在随后的 20 年中，诸多学者继续对 SCC 进行探索和研究。

在政策评估实践方面，碳社会成本也逐渐扮演越来越重要的角色。美国 2008 年之前，SCC 在拟议相关的二氧化碳政策时在联邦监管影响分析（RIA）中还不受重视，但在 2008 年法院裁决之后，联邦机构要求其政策费用效益分析中必须考虑二氧化碳排放的损害与减排的交易。各机构使用各种方法估算了碳社会成本。2009 年，奥巴马政府将 12 个联邦机构聚集在一起，成立了温室气体机构间工作组，并负责制定一套统一的 SCC 估算体系并用于监管政策的影响分析。为了科学制定 SCC 估算，IWG 使用基于共识的决策方法，依赖现有的学术文献和模型。IWG 最初通过从现有文献中获得的估计估算了临时的 SCC 值。这些临时值最初由美国能源部在 RIA 中用于 2009 年 8 月的饮料自动售货机能效标准中（74 Federal Register 44914）。IWG 继续致力于更深入地估算 SCC。2010 年 2 月，IWG 公布了 2010～2050 年的一系列 SCC 估算结果，并在技术支持文件中描述了估算的技术方法。该方法使用了三个被广泛引用的用于气候政策的效益成本分析的综合评估模型（IAM），基于三个模型的结果计算出 SCC 的估计值。自 2010 年发布以来，与 SCC 估算相关的技术支持文件有四次更新：2013 年两次，2015 年和 2016 年各一次。虽然后几期一直在更新，但最初构建 2010 年 SCC 时的基本方法仍然保留了下来。目前世界银行和亚洲开发银行气候减缓项目的评估也会参照 SCC 进行项目评估。中国目前仍聚焦短期的气候政策协同效益方面。随着中国气候政策评估的发展与长期政策需要，碳社会成本研究也提到了日程上了。

　　理想的碳社会成本体现的是一个很小单位的温室气体排放的消减，可以避免社会福利的损失，也就是温室气体减排边际收益。虽然通常只用一个数字来表示，但这方面的测算却需要涵盖几乎所有气候变化带来的方方面面的影响，例如气候变化带来的农业生产率的净影响、人类健康损害、洪水风险增长下的社会财产损害、能源系统变化的成本提高，以及可能造成的冬季取暖与夏季空调使用的增长等成本变化。应对气候变化要求理想的碳排放边际成本与由额外排放量造成的损耗（SCC）应相一致，这样才能实现社会福利最大化。然而在现实中，按照全部成本对碳排放定价是一件棘手的事情。碳排放产生的经济成本和更广泛的社会成本非常之大且具有不确定性，并且它们往往跨越国界，还会影响几代人。例如美国的 SCC 测算从奥巴马时代的 51 美元下降到特朗普时代的 1 美元，相差十分巨大。这也是由于不同的模型假设、对折现率采用不同的参数、考虑美国本土还是考虑全球碳的社会成本等因素导致结果的差异。

第三节　碳社会成本的综合评估模型测算研究

　　碳社会成本的估算涉及自然科学和社会科学的许多学科。随着我们对不同领域理解的不断深入，有必要建立将多个物理和经济部门联系在一起的复杂系统，以对碳社会成本进行全面认识并制定有效的相关政策。综合评估模型在这方面起到关键作用。综合评估模型可以定义为把来自两个或多个领域的知识集成到统一的框架中进行分析的方法。该方法描述了碳排放的因果链和气候变化的路径，涵盖了引致碳排放的社会经济系统、排放与大气中温室气体浓度之间的相互作用、浓度增长引起温度变化以及其他气候指标，以及这些气候变化对经济造成的损害。

目前主流的 SCC 综合评估模型有：DICE、PAGE、FUND。这三个模型被学界广泛引用，并被用于 IPCC 评估报告、美国政府跨部门联合工作组（Interagency Working Group, IWG）的 SCC 报告中。

一、DICE 模型

DICE 模型是最早的气候变化综合评估模型之一。该模型由耶鲁大学的威廉·诺德豪斯（William Nordhaus）教授提出并于 1992 发表在《科学》（*Science*）期刊（Nordhaus，1992）。DICE 模型自首次开发以来，结合最新的经济和科学发现以及最新的经济和环境数据不断进行修订迭代。最新发布的版本是DICE-2016R（Nordhaus，2017）。

DICE 模型在经济增长理论框架下观察气候变化。该模型对社会福利（人均消费的人口加权总和的折现）进行最大化。在拉姆塞（Ramsey）标准新古典最优增长模型中，社会减少今天的消费来投资资本品，以增长未来的消费。DICE 对拉姆塞模型进行了修改，纳入了"气候投资"。这类似于标准模型中的资本投资，通过减少排放作为投资自然资本，可以避免气候变化的有害影响，从而增长未来的消费。该模型包含从气候变化到经济损害的所有要素。

在 DICE 模型中，碳排放量是全球 GDP 和经济产出碳强度的函数，后者由于技术进步随着时间的推移而下降。通过地球物理方程将碳排放量转化为气候变化（全球平均温度变化）。DICE 损害函数将全球平均温度与对世界经济的总体影响联系起来。它随温度变化呈二次方变化，以反应在更极端的气候变化下损害预期快速加剧，并且进行校准以涵盖变暖对市场和非市场商品和服务生产的影响，包括对农业、沿海地区（由于海平面上升）、其他脆弱的市场部门（主要基于能源使用的变化）、人类健康（基于气候相关疾病，如疟疾、登革热，以及污染）、非市场设施（基于户外娱乐）、人类居住区和生态系统。DICE 损害函数还包括与低概率、高影响的灾难性气候变化相关的预期损害值——这是根据专家调查进行校准然后将这些影响的预期价值加到上述其他市场和非市场的影响中（Nordhaus, 1994）。

DICE 模型没有明确地表示适应性，但通过选择用于校准加总损害函数的研究来间接地包含。例如，其农业影响估计假设农民可以根据气候条件的变化调整土地使用决策，其健康影响估计假设医疗保健随着时间的推移而改善。此外，对林业、水系统、建筑、渔业和户外娱乐等方面较小的影响意味着这些部门可以低成本地进行适应（Nordhaus *et al.*, 2000；Warrenet *et al.*, 2006）。海平面上升造成的重新安置成本纳入损失估算，但其数量尚未明确报告。马斯特兰德里亚（Mastrandrea，2009）评论道："总的来说，DICE 假定有效适应，并且在很大程度上忽略了适应成本。"

表 5–1　DICE 2016R 模型主要结果

情景	假设	2015	2020	2025	2030	2050
基准情景	基准	31.2	37.3	44.0	51.6	102.5
	最优控制	30.7	36.7	43.5	51.2	103.6
2.5 摄氏度温升情景	最大化	184.4	229.1	284.1	351.0	1006.2
	100 年最大	106.7	133.1	165.1	203.7	543.3
Stern 报告贴现	不校准	197.4	266.5	324.6	376.2	629.2
其他贴现	2.5%	128.5	140.0	152.0	164.6	235.7
	3%	79.1	87.3	95.9	104.9	156.6
	4%	36.3	40.9	45.8	51.1	81.7
	5%	19.7	22.6	25.7	29.1	49.2

二、PAGE 模型

PAGE 综合评估模型重视气候变化的影响以及减少和适应气候变化的政策成本，旨在帮助决策者了解对于气候变化问题是否作为成本和收益。

PAGE 09 是目前最新的版本，是 PAGE 2002 综合评估模型的更新版。在斯特恩报告（Stern，2007）、亚洲开发银行对东南亚气候变化的评估（亚洲开发银行，2009）和埃利亚施对森林砍伐的评论（Eliasch，2008）中，PAGE 2002 被用来评估政策影响并计算二氧化碳的社会成本。

PAGE 模型将 GDP 增长视为外生的。它将影响分为经济类、非经济类和灾难类，并分别针对八个地理区域进行计算。每个区域的损失表示为经济产出的一部分，其比例取决于该时期的温度相对于每个地区的工业化前平均温度的变化。损害函数表示为温度变化的幂函数，所有区域的指数都相同但不确定，取值为 1~3（DICE 模型固定为 2）。

PAGE 模型把灾难性事件的后果作为损害函数的单独子函数中。与 DICE 模型不同，PAGE 模型以概率分布的方式对损害进行建模，并假设概率的"不连续性"（即灾难性事件的概率随着温度高于指定阈值而增长）。阈值温度、经历不连续性的概率增长到阈值以上的速率，以及由此产生的灾难的程度都进行概率性建模。

适应性明确包含在 PAGE 模型中。假设温度升高超过某一可容忍水平则会产生影响（经济类影响，发达国家为 2 摄氏度，发展中国家为 0 摄氏度；非经济类影响，所有地区都为 0 摄氏度），并且假设适应性可以降低这些影响。PAGE 模型假设发达国家最终可以消除的所有经济影响（高于 2 摄氏度的可容忍水平）的 90%，并且发展中国家最终可以消除其 50% 的经济影响。假设所有地区都能够通过适应减轻 25% 的非经济影响（Hope，2006）。

图 5-1 展示了 PAGE 模型所模拟的 SCC 分布，其均值在 2009 年约为 100

美元/吨二氧化碳，其 5%和 95%分位数分别为 10 美元和 270 美元（以 2005 年美元计价）。

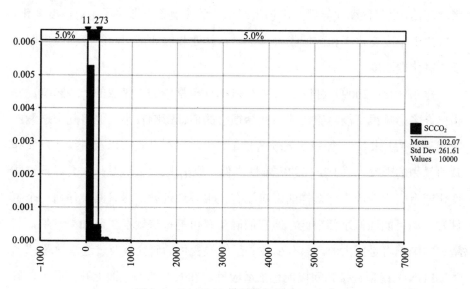

图 5–1　PAGE 09 模型模拟的 SCC 分布

三、FUND 模型

FUND 模型是对人口、经济活动和碳排放、碳循环、气候变化进行预测，并估计气候变化对货币化福利影响的综合评估模型（Link *et al.*, 2011；Tol, 1997）[①]。

与 PAGE 一样，FUND 模型视 GDP 增长为外生。它包括针对八个市场和非市场部门的单独校准的损害函数：农业、林业、水、能源（基于供暖和制冷需求）、海平面上升（基于土地损失的价值和保护成本）、生态系统、人类

---

① 有关该模型的源代码、数据和技术说明，可以访问 http://www.fund-model.org。

健康（腹泻、媒介传播疾病、心血管和呼吸系统死亡率）和极端天气。每个影响部门都有不同的函数形式，并分别针对 16 个地理区域进行计算。在一些影响部门，由气候变化导致产出损失或增长的比例不仅取决于绝对温度变化，还取决于温度变化率和区域收入水平。在林业和农业部门，经济损失也取决于二氧化碳浓度。

托尔（Tol, 2009）讨论了未纳入 FUND 模型中的碳排放的一些影响，并指出许多影响很可能对碳排放的社会损害的估计影响较小。他将几个遗漏的影响称为"大未知"：如极端气候情景下，生物多样性丧失以及对经济发展和政治暴力的影响。关于潜在的灾难性事件，他指出："究竟是什么会导致这些变化或者它们会产生什么样的影响没有被很好地理解。尽管其中任何一个事件发生的可能性似乎都很低，但它们确实有可能很快地发生。如果发生，其造成的影响将是巨大的。只有少数关于气候变化的研究涉及过这些问题。"

FUND 模型直接和间接地包括适应性。在农业和海平面上升方面可以看到明显的适应性。在能源和人类健康等部门存在隐性适应。在这些部门中，较富裕的人群被认为不易受到气候变化的影响。例如，对农业的损害是三种影响的总和：（1）由于温度变化率（损害总是正的）；（2）由于温度变化的程度（根据区域和温度可能产生正面或负面的影响）；（3）来自二氧化碳施肥的影响（损害值通常为负并缩减至零）。如果气候变化发生得更慢，则产生的损害更小。二氧化碳施肥在农业部门的综合影响，高温对某些地区的积极影响以及这些部门温度的缓慢增长都可能导致经济收益而非损失。

四、DICE、PAGE、FUND 模型的比较

表 5-2 给出了 DICE、PAGE、FUND 模型在构成模块、地理范围、损害方程涵盖哪些领域的成本、气候适应性、碳循环和气候模型、社会经济模型等方面的比较。

表 5-2 DICE、PAGE、FUND 模型的比较

模型	DICE	PAGE	FUND
开发者	William Nordhaus	Chris Hope	Richard S. J. Tol
构成模块	碳排放 温室气体浓度 气候变化 损害 排放控制	升温 全球变暖的影响 实施适应性和预防性政策的成本 不确定性	人口和收入 温室气体排放 大气与气候 经济影响
地理范围	全球	全球（分 4 个区域）	全球（分 16 个区域）
损害方程纳入的影响因素	农业 沿海地区/ 其他脆弱的市场部门 人类健康 非市场设施 人类住区和生态系统 灾难性气候	海平面 经济类影响 非经济类影响 灾难性气候	农业、林业 水 能源 海平面上升 生态系统 人类健康 极端天气
适应性	间接	直接	直接
碳循环模型	Three-reservoir 模型	冲击响应方程	温室气体浓度模型
气候模型	均衡温度方程	均衡温度方程	five-box 模型
社会经济模型	升温造成的损害 对升温的适应	升温造成的损害 对升温的适应	升温造成的损害 海平面上升的损害 对升温的适应
主要不确定性因素	产出增长率 均衡温度敏感性 损失函数	80 个不确定参数 全球变暖路径 损害函数 适应成本 预防成本	社会经济驱动因素 碳循环 / 气候变化 气候变化的影响 减排量 风险厌恶、不平等厌恶

　　由于气候变化具有巨大不确定性，各模型在如何体现气候政策的风险与评估方面也存在较大的差异。例如，DICE 模型在主要参数的不确定性方面着

重考察这些参数变动对产出增长与社会福利的影响，诺德豪斯（Nordhaus）采用蒙特卡洛对损失函数的重要参数进行模拟测算。PAGE 模型也考察了其模型涉及的 80 个不确定参数，从全球变暖路径、损害函数、适应成本和预防成本等方面进行风险测度。FUND 模型考察了人们对风险与不平等的厌恶行为，从社会经济驱动因素、碳循环及气候变化影响等方面进行风险评估与福利测算。这些模型虽模型构造与参数不同，方法论细节上各有利弊，但整体上推动了 IAM 模型的发展与应用。

五、IAM 模型 SCC 测算的汇总分析

由于 SCC 的测算需要涵盖几百年的成本效益分析，因此贴现率、未来的气候损害函数等是影响 SCC 最重要的因素。2009 年，奥巴马政府成立了碳社会成本机构间工作组（IWG），该工作组旨在评估气候变化带来的经济损失。该机构开始使用复杂的经济和科学分析来计算以美元计算的大量二氧化碳排放量。IWG 于 2010 年首次推出了用于规制影响分析的碳的社会成本估算技术支持文件[1]，其结果如表 5–3 所示，IWG 于 2013 年、2016 年对其计算进行修正。

表 5–3　按模型、贴现率、社会经济情景分列的 2010 年 SCC（2007 年美元计价）

模型	贴现率:	5%	3%	2.50%	3%
	情景	Avg	Avg	Avg	95th
DICE	IMAGE	10.8	35.8	54.2	70.8
	MERGE	7.5	22.0	31.6	42.1
	Message	9.8	29.8	43.5	58.6

[1] Technical Support Document: Social Cost of Carbon for Regulatory Impact Analysis Under Executive Order 12866.

续表

	贴现率:	**5%**	**3%**	**2.50%**	**3%**
DICE	MiniCAM	8.6	28.8	44.4	57.9
	550 Average	8.2	24.9	37.4	50.8
PAGE	IMAGE	8.3	39.5	65.5	142.4
	MERGE	5.2	22.3	34.6	82.4
	Message	7.2	30.3	49.2	115.6
	MiniCAM	6.4	31.8	54.7	115.4
	550 Average	5.5	25.4	42.9	104.7
FUND	IMAGE	−1.3	8.2	19.3	39.7
	MERGE	−0.3	8.0	14.8	41.3
	Message	−1.9	3.6	8.8	32.1
	MiniCAM	−0.6	10.2	22.2	42.6
	550 Average	−2.7	-0.2	3.0	19.4

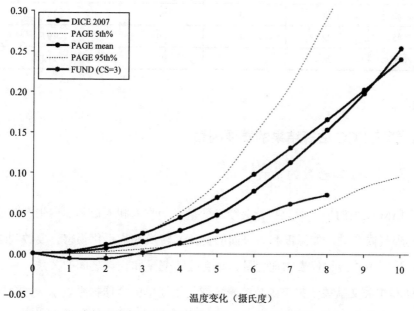

图 5–2 全球气温升高造成的年消费损失占全球 GDP 的比例（2100 年）

可以看到，不同模型在 SCC 不同贴现率情景下的计算仍相差巨大。图 5-2 给出了 IWG 估算的 2100 年全球气温升高造成的年消费损失占全球 GDP 的比例。总的来说，PAGE 模型测算的平均气候变化年损失额稍高于 DICE 模型结果，FUND 模型最为乐观。表 5-4 给出了美国 IWG 根据三个模型推算出不同时间段的碳的社会成本在不同贴现率下的模型汇总的结果。

表 5-4 全球 SCC（美元/吨二氧化碳，2007 年美元计价）（折现率：5%）

年份	5%	3%	2.5%	高影响、小概率事件
	Average	Average	Average	(95th Pct at 3%)
2010	10	31	50	86
2015	11	36	56	105
2020	12	42	62	123
2025	14	46	68	138
2030	16	50	73	152
2035	18	55	78	168
2040	21	60	84	183
2045	23	64	89	197
2050	26	69	95	212

六、影响 SCC 估算结果的重要因素

（一）损害函数的估计

IAM 模型的损害函数将社会经济变量（如收入和人口和国内生产总值）和物理气候变量（如温度和海平面的变化）转换为货币化损害。要做到这一点，损害函数必须代表物理变量、社会经济变量和损害之间的关系。目前，IAM 和相关文献关于损害函数的表示或是用简单的全球损害表示（如全球损害作为全球平均温度的函数）或分部门和区域进行分解（如农业损害是区域

温度、降水变化和二氧化碳浓度的函数）。模型中的所有损害的估算均表示为全球或地区 GDP 的一部分。因此，损害值随经济规模变化，其比例随不同模型（甚至区域）而有所不同。

不同的 IAM 模型，在损害的分解（分部门、行业）、函数形式、损害的驱动因素和参数不确定性的考虑方面存在很大差异。DICE、PAGE 和 FUND 模型都将全球平均温度、全球平均海平面和社会经济预测（全球人口和 GDP）作为输入来计算损失。这些模型的不同之处在于其他气候变量（如二氧化碳浓度、区域温度）、区域社会经济预测和各部门的细节方面（如农业占经济的比例、制冷制热的能源效率）、人口统计（如人口密度）等其他因素。不同模型在适应的表示方面也有所不同，其在 DICE 模型中是隐含的，而在 FUND 和 PAGE 模型中是被明确表示的，并且在 FUND 模型中是内生的。

在升温较低的情景下，不同模型之间缺乏一致性：FUND 模型估计的损害远低于 PAGE 模型估计的第 5 百分位值，而 DICE 估计的损害大致等于 PAGE 估计的第 95 百分位值。模型之间在升温较低的情况下缺乏一致性会使得 SCC 估计的结果有较大的差异，尤其是在贴现率更高的情况下 SCC 估计结果的不确定更大。例如，当贴现率为 2.5% 时，DICE 模型中由于温度低于或等于 3 摄氏度的时期造成的损害约占 2010 年 SCC 值的 45%。当折现率为 3% 和 5% 时分别增长到约 55% 和 80%。

（二）SCC：全球范围还是本国范围

气候变化问题有两个方面比较特殊。首先，它涉及全球外部性：大多数温室气体的排放都会导致全世界的损害。从全球的角度来估算 SCC 可以将碳排放的边际外部性内部化。仅计算局部的损失会造成有偏的估算并且会低估碳社会成本，可能会导致规制政策产生扭曲，所以 SCC 的估算必须纳入温室气体排放造成的全部（全球）损害。其次，气候变化问题是单个国家或地区无法解决的。即使某个国家或地区将其温室气体排放量减少到零，这也远不足以避免气候变化。如果要避免全球气候的重大变化，其他国家也需要采取行动以减少碳排放。

在量化与排放相关的损害时，许多学者（Anthoff *et al.*, 2009）通过"公平权重"（Equity Weighting）来加总各地区消费的变化。这种权重考虑了世界不同地区财富的相对减少。例如，人均损失 500 美元在人均 GDP2 000 美元的地区所赋权重要高于人均 GDP40 000 美元的地区。这种方法的主要论点是，贫穷国家 500 美元的损失导致效用或福利的减少比富裕国家的损失更大。尽管有公平权重的理论主张，但 IWG 得出的结论是，这种方法不适合估算用于国内政策分析的 SCC，因此 IWG 在没有公平权重的情况下计算了全球（而非国内）的碳社会成本。

FUND 模型的估计表明，减排的国内与全球效益的比率随关键参数假设而变化。例如，在 2.5% 或 3% 的贴现率下，平均而言，在所分析的情景中，美国的收益约为全球收益的 7%～10%。如果假设气候变化造成的国内生产总值损失比例在各国之间相似，那么一个国家内部的减排收益将与该国在全球国内生产总值中的比例成正比。在此基础上，IWG 使用 7% 至 23% 的一系列值来调整全球 SCC 以计算美国国内影响。

美国环境保护署（Environmental Protection Agency, EPA）于 2017 年 11 月发布了一份 198 页的报告，分析了废除清洁电力计划（Clean Power Plan）的成本和效益，并表明政府计划大幅降低政府对碳社会成本的估计值。在该文件中，美国环保署计算出 2020 年碳社会成本在 1～6 美元。这与奥巴马政府计算的 2020 年 45 美元（通货膨胀调整后）的 SCC 相比，减少了 87% 至 97%。两届政府对 SCC 的估算相差极大，其最主要的原因是 EPA 只计算了美国而不是全球范围的碳社会成本。美国国家科学院（National Academy of Sciences）在其 2017 年评估的碳社会成本的报告中指出，国内范围的碳社会成本的计算并不像停在美国边境那么简单。世界其他地区的气候变化可能通过全球移民、经济不稳定和政治不稳定等途径影响美国[①]。即使采用"仅限国内"的方法，现有的经济模型也无法准确计算出仅限国内的估计，因为现有方法无法估计国外气候变化的溢出效应对国内的影响。

（三）均衡气候敏感性

均衡气候敏感性（Equilibrium Climate Sensitivity, ECS）是大气中二氧化碳浓度加倍（相对于工业化前水平（或浓度约为百万分之 550））导致的长期全球平均表面温度的增长。ECS 是 DICE、PAGE 和 FUND 模型的关键输入参数。

政府间气候变化专门委员会（IPCC）的第四次评估报告中有关于均衡气候敏感性的研究中提到："基于对几个独立研究的综合评估，包括观测到的气候变化全球气候模型中模拟的已知反馈强度，我们的结论是，二氧化碳浓度加倍导致的全球平均气温变暖（均衡气候敏感性），可能位于 2～4.5 摄氏度的范围内，最可能的值约为 3 摄氏度。均衡气候敏感性很可能大于 1.5 摄氏度。由于基础物理以及数据的限制，仍然不能排除大大高于 4.5 摄氏度的可能。"

目前对于均衡气候敏感性的研究尚未达成一致，因此均衡气候敏感性的取值有很大的不确定性。对于这种不确定性，通常的方法是通过使用参数化的概率密度函数（PDF）来拟合气候模拟模拟的一系列估算，并由此推算出边际损害的概率密度函数。IWG 选择了四个候选概率分布：Roe 和 Baker（2007），Log-normal，Gamma 和 Weibull。

凯文等人（Kevin *et al*., 2016）的研究将最近观察到的 ECS 分布的观测估计值纳入两个广泛使用的 IAM 中。由此产生的碳的社会成本估计远小于基于模拟参数的模型。在 DICE 模型中，平均 SCC 下降 30%～50%，具体取决于

[①] Valuing Climate Changes: Updating Estimation of the Social Cost of Carbon Dioxide.

贴现率，而在 FUND 模型中，平均 SCC 下降超过 80%。折扣率的估算范围也大幅缩小。这表明 ECS 分布的选择对 SCC 估算的结果有很大的影响。

（四）社会经济和排放路径

社会经济和排放路径对于 SCC 计算十分重要。在其他条件相同的情况下，人口越多越富有，往往会排放更多的温室气体，而且他们对避免气候变化的支付意愿也越高。

目前许多学者预测了各种各样的社会经济和排放路径并用于气候变化政策模拟（如 SRES 2000，CCSP 2007，EMF 2009）。在 DICE、PAGE 和 FUND 模型都有各自的社会经济和排放路径。IWG 在将三个模型整合时将社会经济排放情景、均衡气候敏感性分布和贴现率等输入保持一致。社会经济与排放路径方面，IWG 基于斯坦福能源建模论坛的 EMF-22 情景，EMF-22 使用 10 个公认的模型来评估为实现具体稳定目标而采取的实质性、协调一致的全球行动。基于统一的社会经济和排放路径，可以保证对于所评估的每个模型，GDP、人口和排放路径等在模型之间是一致的。在估算 SCC 时，IWG 从 EMF-22 中选择了五个情景，跨越了一系列可信情景的社会经济和排放路径。除了化石和工业二氧化碳排放，每个 EMF 情景都提供了 2100 年甲烷、氧化亚氮、氟化温室气体和土地使用的碳净排放的预测。

表 5–5　2020 年全球 SCC（3% 折现率，2007\$/METRIC TON 二氧化碳）

分位数 情景	1 分位	5 分位	10 分位	25 分位	50 分位	均值	75 分位	90 分位	95 分位	99 分位
	PAGE 模型									
IMAGE	4	7	9	17	36	87	91	228	369	696
MERGE Optimistic	2	4	6	10	22	54	55	136	222	461
MESSAGE	3	5	7	13	28	72	71	188	316	614
MiniCAM Base	3	5	7	13	29	70	72	177	288	597
5th Scenario	1	3	4	7	16	55	46	130	252	632

续表

分位数	1分位	5分位	10分位	25分位	50分位	均值	75分位	90分位	95分位	99分位
情景	DICE 模型									
IMAGE	16	21	24	32	43	48	60	79	90	102
MERGE Optimistic	10	13	15	19	25	28	35	44	50	58
MESSAGE	14	18	20	26	35	40	49	64	73	83
MiniCAM Base	13	17	20	26	35	39	49	65	73	85
5th Scenario	12	15	17	22	30	34	43	58	67	79
情景	FUND 模型									
IMAGE	−13	−4	0	8	18	23	33	51	65	99
MERGE Optimistic	−7	−1	2	8	17	21	29	45	57	95
MESSAGE	−14	−6	−2	5	14	18	26	41	52	82
MiniCAM Base	−7	−1	3	9	19	23	33	50	63	101
5th Scenario	−22	−11	−6	1	8	11	18	31	40	62

（五）贴现率

贴现率的选择，特别是长期的贴现率，涉及科学、经济学、哲学和法律等多方面的复杂问题并引发了高度争议。由于二氧化碳是可以长期存在的，因此二氧化碳造成的损害是长期的。在计算 SCC 时，首先计算一单位二氧化碳排放对农业、人类健康以及其他市场和非市场部门造成的未来损害，然后选定贴现率将碳排放造成的未来损害流折现为某一年的现值。该贴现率旨在反映社会在不同时期的消费之间的边际替代率。

阿罗等人（Arrow *et al.*, 1996）概述了确定气候变化分析贴现率的两种主要方法，分别为"描述性"（Descriptive）和"规范性"（Prescriptive）。描述性方法反映了基于人们的实际选择和行为，例如储蓄与消费的决策、资产在高风险与低风险间配置的决策——这种方法通常要求从市场收益率推断贴现率。规范性方法规定了一种社会福利函数。它将政策评估时的决策判断进行规范化，例如如何对人际效用进行比较以及如何权衡后代的福利。拉姆齐（Ramsey, 1928）认为，在几代人之间采用正的纯时间偏好率进行折现是"道德上无可辩驳的"；《斯特恩报告》也认为以接近于零的时间贴现率表示代际中立，这是最起码的伦理要求。此外，描述性和规范性方法共同的问题时，它们忽略了人之间的异质性，例如有些人使用利率相对较高的信用卡来平滑消费而有些人无法进入传统的信贷市场，依赖发薪日贷款业务或其他高成本的形式以平滑消费。

在奥巴马时代，美国政府温室气体社会成本机构间工作组（IWG）对 SCC 估算主要依靠描述性方法来选择贴现率，在其 2010、2013 和 2016 年的技术支持文件中采用了三个贴现率：2.5%、3%和 5%并把 3%作为核心贴现率。

特朗普政府解散了机构间工作组并开始采用 EPA 所计算的 SCC，EPA 认为碳的社会成本的折现率应为 3%和 7%（后来在新文件的附录中考虑了 2.5%的情况），特别是 7%可以反映投资回报率（比如股票市场）。7%的碳排放率大大降低了碳的社会成本，这也是 EPA 对 SCC 的估算远低于 IWG 的另一个原因。许多学者认为使用 7%的利率在概念上是不适当的，这样高的折现率不适合用于估算碳的社会成本。

七、碳社会成本估算中 IAM 模型的局限性

（一）无法纳入气候变化的所有影响

IAM 模型的损害函数无法反映气候变化所有可能不利后果的经济影响，因此可能导致对 SCC 的低估。气候变化的影响是广泛、多样并且具有异质性的。此外，由于气候变化过程和人们经济行为的复杂性，以及我们无法准确预测技术变化和对气候变化的适应，因此无法确定这些影响的确切程度。目前的 IAM 模型并未对气候变化文献中涉及的所有重要物理、生态和经济影响进行货币化估算，这是因为缺乏关于造成损害的准确数据，而且模型所涉及

的科学知识明显滞后于最新的研究。IAM 模型对于量化和货币化气候变化各种影响的能力无疑会随着时间的推移而提高，但也有可能即便在未来的应用中。一些潜在的重大气候变化损害仍然不能进行货币化。例如，由于大气中的二氧化碳所导致的海洋酸化是各种 IAM 模型中所没有涉及的，因此气候变化对生物物种的影响是也非常难以货币化。

气候变化也有可能引发灾难性的损害，比如大西洋经向翻转环流或西南极冰盖的崩塌。有些研究认为灾难造成的损害非常巨大，未来很长一段时间内发生的低概率灾难性事件造成的损害主导了现值计算中折现率的影响（Weitzman, 2009）。目前我们对于灾难性事件的认识存在不足和争议，部分学者认为灾难事件的风险溢价很高，而有些学者研究发现在大多数情况下只存在适度的风险溢价。

IAM 模型除了对于非灾难性和灾难性事件的影响没有完全纳入外，模型的损害函数也不能反映出以下几方面：（1）地球气候系统中可能不连续的"临界点"（IPCC AR5 将气候系统临界点定义为气候系统中突然和不可逆的变化[①]）；（2）部门间和区域间的相互作用，包括高程度变暖对全球安全的影响；（3）对自然系统的损害和增长的消费之间有限的短期替代性。

（二）适应和技术变化

IAMs 模型都假定对于气候变化有一定程度的低成本或无成本适应。例如，FUND 模型假设存在很大程度的适应性。气候变化减轻人们对空调广泛的依赖进而降低了电力消耗，但是 IAMs 无法充分解释适应性技术的出现即其影响，例如科学家可能会开发出能够更好地承受高温和温度变化的作物。尽管 DICE 和 FUND 都假设农民会以改变土地利用的做法来应对气候变化，

[①] IPCC AR5 WGII (2014). "Climate change 2014, Impacts, Adaptation and Vulnerability".

并在此假设下对其农业部门进行了校准，但他们没有考虑到随着时间推移降低适应成本技术的变化。另一方面，IAM 模型在校准时没有考虑到气候变化、害虫或疾病的增长可能使得适应比模型所假设的更困难。因此，模型不能充分考虑潜在的技术变化和适应，而这些可能会改变排放路径和损害的程度。考虑到适应性技术和行为的不确定性，很难说 IAMs 中对适应和技术变化的不完全处理是否低估或夸大了可能的损害。

（三）不确定性与风险厌恶

人为气候变化和旨在解决这一问题的政策的复杂性意味着模型关键输入、参数（如经济增长和技术变化的基线增长率）和重要的模型结果（如所预测的温度和降水量的变化）存在着巨大的不确定性。有许多方法可以解决这些不确定性，可以对模型的关键参数和输入进行敏感性分析。蒙特卡洛模拟（其中输入和参数值从概率分布中选择）可以输出模型结果的概率分布，例如温度和海平面的变化以及总气候改变产生的损害等。

虽然敏感性分析和蒙特卡洛模拟可以有效地反映不确定性，但气候变化问题的另外两个重要方面没有被充分讨论。首先，随着有关气候变化损害和减缓成本的知识与信息的不断更新，任何时间都应可以重新审视和修改之前所估计的 SCC 以及所做出的决定，因此，关于气候变化的决策应该是在不确定性下的连续决策。这意味着可以通过采用比预期损害和缓解成本更严格的缓解政策来对冲恶劣气候结果，以免出现的更严重损害和更高减缓成本。

其次，在计算 SCC 时，假设风险中性而没有考虑个体的风险厌恶，即个人由于风险厌恶而会为降低灾害性事件这种低概率、高损害的可能性愿意支付更高的费用，而不是以相同的预期成本降低高概率、低影响损害的可能性。如果个人确实表现出更高的支付意愿，则进一步的问题是，规制政策是否应该将这种风险厌恶考虑进去。即使个人对这种情况并不规避风险，规制政策是否也应该包含一定程度的风险规避。目前的 IAMs 通常会对风险偏好做出一套同质的简化假设，并且通常不会深入探讨其他替代性假设，这可能会导致模型低估了社会对不良后果的风险厌恶程度，并导致预计的减排量低于最优减排量。

第四节 碳社会成本测算中 CGE 模型的应用

一、CGE 模型方面的拓展

除了上述单部门或单个地区的综合评估模型外，目前也逐渐开展了覆盖多区域、多部门的动态一般均衡 CGE 模型来模拟气候变化对农业生产和能源部门的影响、海平面上升对土地资源、气候变化对人类健康等方面的经济影响。这些都是在测算碳社会成本中碳的损害函数方面的重要方面。表 5-6 总结了目前对气候变化经济学影响进行评估的主要 CGE 模型。

表 5-6 现有主要的对气候变化经济学影响进行评估的 CGE 模型

基本模型/方法架构	模型/方法	覆盖区域
多部门评估模型	ENVISAGE 模型	全球分区
	ICES 模型	全球分区
	GRACE 模型	全球分区
	IGEM 模型	美国
	GTAP-EF 模型	全球分区
单部门评估模型	EPPA-AGRI 模型	全球分区
	GTEM-C 模型	全球分区

在模型架构方面，这些 CGE 模型具有如下共同点：（1）在时间尺度上，由于气候变化的影响属于长时间的变动，因此这些模型基本都有较长的时间跨度；（2）在覆盖区域上，大部分模型都着眼于气候变化的全球影响，并在

模型中考虑了气候变化影响的不确定性；（3）在模型机制上，这些模型均通过模拟温室气体排放造成的气候响应如全球平均温度的变化等，然后构建起气候响应与气候变化经济学影响之间的关系来进行评估；（4）在均衡分析上，基于可计算一般均衡模型框架下，气候变化主要通过影响模型中的投入要素如土地、资本、人口等，并在新的条件下寻找均衡状态。其通过比较新旧均衡状态下各部门的经济产出变化分析气候变化造成的经济学损失。

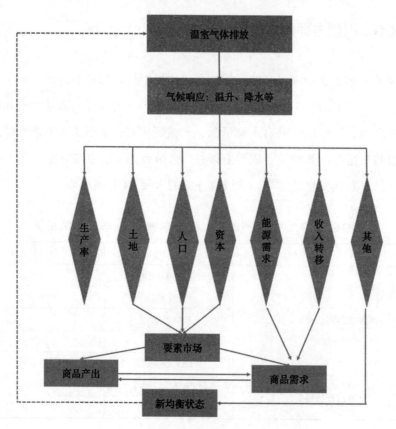

图 5–3　CGE 模型下气候变化影响经济评估的主要框架

目前的 CGE 研究主要尝试在可计算一般均衡的框架中刻画并模拟气候变化在农业、能源、人类健康、海平面上升等方面具体影响。在机制设计上，这些可计算一般均衡模型主要将气候变化的相关影响与要素投入及商品服务需求联系起来，如改变土地、人口、资本等要素投入量，改变能源、服务等部门需求等，并通过求解出新的均衡结果来比较得到气候变化对各经济变量的影响。不同可计算一般均衡模型对气候变化经济学影响的评估结果有所不同，这与不同模型相关模块的参数和机制设计有关。

例如，ENVISAGE 模型的研究结果显示基准情景下气候变化对中东、北美和部分东亚地区的负面影响最大，其在 21 世纪末造成的经济学损失约占当地 GDP 的 10%左右，与此同时俄罗斯、欧盟、日本等地区会一定程度上受益于气候变化，但受益程度不高。与 ENVISAGE 模型的研究结果类似，ICES模型在基准情景下的输出结果也显示欧盟和日本在一定程度上受益于气候变化，且受益程度较高，而中东、南美、非洲等地区受到的损害最大。阿海姆等人（Aaheim *et al.*, 2005）等人则利用 GRACE 模型研究了气候变化在欧洲地区造成的影响。结果显示在 2 摄氏度温升情景下，一部分欧洲地区会受益于气候变化，但是当温升达到 4 摄氏度时，所有地区都会受到气候变化的负面影响。比加诺等人（Bigano *et al.*, 2006）主要利用 GTAP-EF 模型分析了气候变化对海平面上升和旅游业上升的联合影响，结果显示受海平面上升负面影响最大的地区为东南亚，而因旅游资源变化受害最多的为小岛屿国家。与多部门评估模型关注气候变化对全经济部门的影响不同，单部门评估模型重点研究气候变化对某一个重点部门的影响。EPPA-AGRI 模型主要考虑了气候变化对全球农业部门的影响，其研究结果显示二氧化碳对农业部门的影响趋于正面，而臭氧对农业部门有明显的负面影响。GTEM-C 模型也将关注重点放在农业部门上，其研究结果显示在高排放情景下全球主要农作物产量都会出现下降，此外其研究还发现一个分散的全球农作物交易体系有助于减缓气候变化对农业部门的负面影响。

从现有研究来看，大部分综合评估模型方法将气候变化经济学影响的评价重点放在了农作物产量、能源需求和人类健康等方面。对不同部门而言，气候变化的影响机理各有不同，对其影响评估方法也有所差别。而要对气候变化经济学影响进行全面评估，则需要分析气候变化可能造成的所有影响，这也是各模型方法评估气候变化经济学影响主要的难点所在。表 5–7 总结了现有研究对气候变化影响涉及的领域、作用机制和主要参考的实证数据。

表 5–7　CGE 模型各部门引入气候变化影响的机制、评估方法与数据支撑

影响领域	作用机制	评估机制	数据 / 文献支撑
农林渔业	温度、降水、二氧化碳浓度、光照等	改变土地等多要素生产率	Tol(2002), USNCCA, Adam, Sohngen, Rosenzweig 等
能源	温度、径流量等	改变能源需求弹性、改变能源生产效率等	Cian 等
海水淹没	海平面上升	改变土地、资本存量等	Vafeidis, Nicholls, Bijlsma, Hoozemans, Beniston, Yohe 等
人类健康/效率	温度、极端天气、污染等	改变人口数量、劳动生产率、健康服务需求等	Bosello, Martens 等
其他	各种气候条件	改变服务需求，模拟收入转移等	Andrea, Ehmer 等

可计算的一般均衡模型在评估气候变化经济学影响时，由于模型侧重的研究方向也互不相同，因此不同模型中纳入气候变化经济影响的部门也有一定的区别。大部分的 CGE 模型都考虑了气候变化对农业生产、健康、能源需求的影响，部分模型还考虑了气候变化对海平面和旅游资源的影响，对于水资源、能源供应、极端天气、劳动生产率等方面影响各 CGE 模型组研究的内容侧重则各有不同。

二、CGE 模型方面的初步研究成果

（一）农业生产的影响

气候变化对农作物产量、林业、畜牧业、渔业等细分部门均会产生显著的影响，其造成影响的作用机制包括温度、降水、二氧化碳浓度、光照等气候条件的变化。可计算一般均衡模型中引入的气候变化对农业部门影响主要通过改变农业部门的土地生产率或多要素生产率来实现。部分模型对农产品种类做了进一步的划分，如 ICES 模型研究了气候变化对小麦、玉米、大米等农作物产量的影响。而 GRACE 模型、IGEM 模型和 Envisage 模型只研究了气候变化对农业部门的整体影响。在数据方面，Envisage 模型主要参考了 IPCC 第四次评估报告的研究，并结合 meta 分析估计了不同地区平均温升与农业生产率之间的函数关系。ICES 模型主要依据托尔等人（Tol *et al.*）的研究，其通过对实证研究进行大范围的文献调研归纳了温升等气候参数与不同农作物产量之间的关系。IGEM 模型以 USNCCA 的数据为主要支撑，同时也参考了亚当等人（Adam *et al.*）的研究结果。而 GRACE 模型则以曼德拉森（Mendelsohn）和诺德豪斯（Nordhaus）等人开发的综合评估模型为基础，将各模型评估结果的均值作为气候变化的影响结果引入到模型中。对于林业部门，GRACE 模型参考的数据方法与农业部门一致，而 IGEM 模型主要参考了松根等人（Sohngen *et al.*, 2001）对美国林业部门的实证研究结果。与多部门评估模型相比，对农业部门影响进行重点评估的 CGE 模型在模型尺度和参数设置上常常更加精细。EPPA-AGRI 模型结合了 MIT 开发的可计算一般均衡模型 EPPA 模型和生态模型 TEM 模型从 0.51°×0.51°分辨率尺度上分析了气候变化对全球农业部门的影响。而 GTEM-C 模型则参考了 AgMIP 数据库分析了气候变化对粗粮、油籽、大米及小麦等四种农产品的影响，其中 AgMIP 数据库利用 GGCM 模型以及复杂气候模式等对农作物产量数据等进

行了详细预测。总体而言，各 CGE 模型针对气候变化对农业部门的影响方面的机制设计没有太大的区别，其差异性主要体现在基础数据支持方面。一般而言，支撑数据越精细越前沿，那么其结果的论证程度也越高

（二）能源部门

气候变化对能源部门影响包括对能源需求和能源供应的影响。在能源需求方面，温室气体排放导致的全球温升效应会导致对空调制冷相关能源需求增长，对取暖相关能源需求降低等；在能源供应侧，温室效应会对火电厂发电效率，水电、风电、光电等能源供应环节产生影响。有学者（Cian *et al.*）利用计量的方法定量分析了煤、油、气、电的需求与温度等参数之间的关系，结果显示气候变化导致的温度增长会显著增长电力需求，而减少其他能源品种的需求。包括 GRACE 模型、ICES 模型和 Envisage 模型等在内的多个 CGE 模型均在模型内构建了气候参数与能源需求弹性之间的关系。气候变化也会对能源供应产生一定影响。米歇尔等人（Michelle *et al.*）的研究指出气候变化导致的夏季径流量的减少以及冬季水温的上升会降低美国和欧洲的火电发电效率。拜曼等人（Byman *et al.*）的研究则指出气候变化导致的径流量的改变将会影响全球水电发电量，但是现有的 CGE 模型主要只考虑了气候变化对能源需求端的影响。极少有模型考虑了气候变化对能源供应端的影响。在我们主要分析的 CGE 模型中，只有 GRACE 模型考虑了气候变化对水电和火电发电效率的影响，因此未来的 CGE 模型研究还需要在气候变化对能源供应端的影响方面进行深入讨论。

（三）海平面上升

工业革命以来，全球平均海平面高度已经出现明显的上升，而海平面上升会对经济系统和生态系统产生广泛的冲击。海平面上升的影响主要体现在对沿海地区造成的危害，包括低纬度地区的淹没和洪水，湿地被侵蚀，生态

系统被破坏，工业、农业用地及固定资产被淹没破坏，以及沿海地区人口向内陆迁移等。尼勒姆等人（Nerem *et al.*, 2018）的最新研究表明，每年海平面的上升幅度较前一年的上升幅度平均约增长 0.084±0.025 毫米，如不采取相关措施，到 21 世纪末全球海平面的平均上升幅度与 2005 年相比可能会达到 65±12 厘米。不同 CGE 模型引入气候变化对海平面上升影响的机制主要是通过改变土地要素的投入量或资本要素投入量来模拟。从数据来源来看，不同 CGE 模型所参考的实证研究差别较大。Envisage 模型主要参考了瓦菲迪斯等人（Vafeidis *et al.*）的研究。这一研究利用 DIVA 模型模拟了气候变化导致的海平面上升对资本和土地的影响。与 Envisage 模型类似，ICES 模型考虑了海平面上升对土地和海边基础设施的影响，其以尼克拉斯（Nicholls）和比拉斯玛（Bijlsma）等人的研究数据为支撑，同时还结合了 IPCC 第二次评估报告的结果。与 ICES 模型类似，鲍塞罗（Bosello）等人以全球脆弱性评估报告的结果为依据，将气候变化导致的资本和土地损失作为外生变量引入到 GTAP-EF 模型中。而 GRACE 模型只考虑了海平面上升对资本的影响，其采用的数据源与农业部门相同。作为单区域模型，IGEM 模型只考虑了海平面上升对美国资产的影响，其主要参考了约禾（Yohe）等人的研究。气候变化造成的海平面上升具有广泛的经济学影响，几乎所有的模型都会提及其在模型内部考虑的影响存在不全面的问题。这也与相关支撑数据不足有比较大的关系。在未来的研究中，一方面要强化海平面上升对于土地和资本影响的论证程度，另一方面也要在模型中进一步考虑海平面上升对于地区间人口迁移等其他因素的影响。

（四）人类健康与生产效率

气候变化可以从多个方面对人类健康产生影响，近几年这一话题受到的关注也越来越多。曼斯莫（Massimo）等人通过大规模文献调研的方法将气候变化对健康的影响分为了七个方面，包括极端天气尤其是极端热天气导致的心血管及呼吸道疾病的发病率上升；粮食产量下降和水资源短缺导致的营养不良；腹泻等疾病的发病率上升；空气污染加重导致的健康问题；过敏性疾病发病率提高；传染性疾病高发；其他疾病等。CGE 模型主要从三个方面考虑气候变化对人类健康的影响，一是高温、疾病等导致生产效率的降低，二是死亡率上升导致人口下降，三是疾病导致的医疗消费支出的增长，但并非所有的 CGE 模型都对这三个方面进行了考虑。Envisage 模型与 ICES 模型均参考了鲍塞罗等人的研究，在模型内部引入了气候变化对劳动生产率和健康服务需求的影响。IGEM 模型以马腾斯（Martens）等人的研究为基础，考虑了气候变化对死亡率和疾病发病率的影响。GRACE 模型则采用了与农业部门相同的数据源，其通过改变各部门的劳动力数量模拟气候变化对人类健康的影响。各主要 CGE 模型对气候变化在人类健康领域影响的评估机制存在较大的一致性，但在模型的支撑数据源方面有一定区别。这也造成了不同模型评估结果的差别。

（五）旅游业及其他影响

旅游资源很容易受到气候变化的影响。安德鲁（Andrea）等人利用汉堡旅游模型分析了气候变化对全球 16 个地区国际国内旅游业的影响，研究发现较寒冷国家的旅游业收入将因气候变化而大幅增长，而较温暖国家的旅游业收入将明显减少。这一研究也成为 Envisage 模型、ICES 模型及 GTAP-EF 模型等多个 CGE 模型引入气候变化对旅游业影响的主要参考依据。除了汉堡旅游模型外，GRACE 模型参考了恩莫尔（Ehmer）等人的研究，通过改变服务部门的需求或消费来模拟气候变化对旅游业的影响，结果显示除了苏联地区、北美等少数地区外，大部分地区的旅游业都会受到气候变化的负面冲击。部分 CGE 模型还考虑了气候变化对其他部门的影响，如 Envisage 模型、IGEM 模型和 CGE-W 模型考虑了气候变化对水资源的影响，GRACE 模型则考虑了气候变化对极端天气活动的影响。与气候变化对农业、能源、海平面等方面的影响相比，气候变化的其他影响相对较小，因此某些 CGE 模型对这些影响的考虑可能不够全面，但不会影响总体的评估结果。

（六）适应性

IPCC 第五次评估报告强调了脆弱性和适应性在应对气候变化过程中的重要性。对自然系统而言，不同的自然条件和禀赋导致不同地区对气候变化适应性存在很大差异，对于不同经济部门来说，人口、年龄结构、收入、技术、相对价格、生活方式、监管和治理方面的变化都会影响气候变化的影响程度。不过我们也注意到，大部分 CGE 模型在气候变化的经济学影响模块并没有对适应性加以考虑，这会在一定程度上造成评估的不准确。对于少数考虑了适应性的 CGE 模型，它们一般采用以下方法将适应性影响纳入模型之中。第一种方法是在基准情景之外设计一个适应性情景，该情景下各部门在同样的气候响应下气候变化造成的损失损害会略低，在模型机制上不会有调整。ENVISAGE 模型就采用了这一方法。第二种方法是根据适应性程度调整模型中生产者和消费者的行为方式，将适应性作为内生变量进行处理，该方法较前一种方法复杂，但可以更好地模拟适应性在商品市场上的响应，这一方法在 GRACE 模型中得到了应用。一般而言，考虑适应性和不考虑适应性在模型模拟结果上会有较大的差别，因此合理地在 CGE 模型内部引入气候变化的适应性水平是相当有必要的。

第五节　碳社会成本相关的实证研究

与 CGE 模型研究目的类似，大量气候变化方面的计量实证研究也分别研究气候变化对农业、能源消费、人类健康等方面的影响。虽然不能体现一般均衡的经济学分析，但这类计量模型更多地从实际微观数据出发，研究气候变化影响的损害因果关系，可以更好地为 CGE 模型、综合评估模型及碳的社会成本测算提供更为真实的实际参数。

一、气候变化与人类健康

20 世纪 90 年代初期，世界对于全球气候变化带来的人类健康风险知之甚少，自然科学家几乎没有意识到气候条件、生物多样性、生态系统生产力等特定研究对象对人类健康具有的意义。气候变化可直接影响人类健康，例如由于洪水和风暴等自然灾害的增长而导致的死亡和受伤；也可以通过疾病媒介（例如蚊子）、水传播病原体、水质、空气质量以及粮食产量间接影响人类健康；另外由于气候变化导致的经济衰退、环境恶化和地区冲突也会使得受影响的人群出现受伤、感染、营养不良、心理疾病等各样的健康损害。

气候变化对人类健康的影响主要是通过极端气象灾害，包括气象指标的统计异常值（极低或极高温）以及复杂的气象事件（干旱、洪水、风暴等）。在这一外生变化冲击中，人类社会也会采取一些适应性措施以缓解带来的损害，在家庭层面可以采取安装空调、改变室内室外时间分配、使用防晒用具、修正房屋设计、移民迁徙等；在社区层面的举措包括建立预报预防机制、建立地区降温中心等（IPCC, 2007）。现阶段利用气候情景进行的预测性建模研究是在考虑人类适应性举措的基础上，对气候变化（尤其是温度的变化）所造成的人类健康损害进行研究。

（一）极端气温的影响

随着全球气候的变化，近年来热浪频率和强度在逐步升高，这使得大部分地域的夏季变得更加炎热而冬季变得更加温和。针对这一现象对人类发病率和死亡率的研究较为丰硕，德申斯（Deschenes, 2014）通过整理文献综述发现，虽然不同学者的研究在数据来源、时期范围、人口数量、气温指标及统计模型选用方面存在差异，但共有的结论是发现随着极端气温天数的增长，在人类采取了相应适应性措施后，仍会显著降低健康的水平致使死亡率增长，相较于极端炎热天气，极端严寒天气对健康的影响相对滞后且微弱。这说明随着全球气温升高，对死亡率的影响需要同时考虑极端炎热天气频率的增长导致的死亡率上升，以及极端严寒天气频率的下降导致的死亡率下降。这是一种非线性的关系。卡尔顿等（Carleton *et al.*, 2018）最近的研究发现气温超过 35 摄氏度（或者低于零下 5 摄氏度）的天数相较于 20 摄氏度正常温度天数的比例增长时，平均每年会导致每 100 000 人的死亡病例增长 0.4（0.3）。

在具体的影响机制上，不同疾病对温度的敏感程度不一，例如心血管疾病和呼吸系统疾病会受到炎热和寒冷天气的影响，而癌症则受影响较小。在受影响人群的年龄结构方面，普遍认为老人（65 岁或 75 岁以上）及婴儿面临的风险最大，因为他们在生理上对极端气温有的忍耐力较差。在地区差异方面，制冷基础设施的完善程度、地区医疗水平的差异也在一定程度上解释了气温对致死率影响的不同。

在估计结果中，现有研究普遍控制了污染物的浓度和空气湿度，因为这些变量与地表温度密切相关，且会对人类健康产生影响。部分学者发现，控制这些干扰变量后，极端严寒天气对死亡率的影响下降，而极端炎热天气对死亡率的影响与之前结果保持一致（Barreca, 2012）。

（二）自然灾害的影响

现阶段学者们普遍认为随着全球气候变化会加剧一些与水文气象相关自然灾害的影响，包括改变其发生的频率、强度、空间范围以及持续时间（IPCC, 2012）。在实证领域，主要集中于测算气候变化所造成自然灾害的经济损失、决定因素以及人们的适应性举措。据库斯基（Kousky, 2014）整理相关文献进行的汇总测算，2000～2012 年世界范围内自然灾害平均每年造成的经济损失为 940 亿～1 300 亿美元。

在自然灾害影响的实证研究中，多数方法使用多国、单国或某一生产部门的数据，通过回归研究宏观经济变量与自然灾害发生频率、强度及致死率之间的关系，将回归系数作为灾害影响的度量标准。值得注意的是宏观经济变量本身也会影响对灾害的承受能力。这种双向因果关系往往会带来内生性问题，与此同时也会存在遗漏变量的干扰。在短期影响中，大多数研究发现自然灾害会显著降低经济产量和国民收入，且局部影响要更为严重。针对长期而言，结论显得更加具有争议，部分研究发现持续发生以及严重程度高的自然灾害会产生更明显的负向影响，但也有研究为"创造性破坏"（促进经济发展）及新古典理论（自然灾害的影响为中性冲击）找寻到了实证基础。这在一定程度上反映出了不同国家及地区、不同生产部门对自然灾害的抵抗能力也不尽相同。

针对自然灾害影响的决定性因素分析中，现有文献对自然灾害发生频率、致死率和经济损失进行了分析。在自然灾害发生频率方面，卡恩（Kahn, 2005）通过观察 1980～2002 年发生在 73 个国家的自然灾害记录发现，除了洪水之外，自然灾害在不同经济发展水平国家之间的分布较为平均，且自然灾害的发生地具有一定的持续性和延续性。相反在灾害致死率方面，经济发达国家的灾害致死率明显低于不发达国家，且国民收入不平等程度、民主程度、制度水平、教育普及度、金融体制、预警系统等都会影响自然灾害的致死率（Kahn, 2005；Toya and Skidmore, 2007；Raschky, 2008；Stromberg, 2007；Das and Vincent, 2009；Gaiha *et al.*, 2012）。在经济损失方面，主要视角集中在 GDP 与灾害损失的非线性关系的研究中，但结论存在一些争议。一些研究发现高收入国家经历自然灾害的损失会更低，而另一些研究发现了相反的结论。凯伦贝格等人（Kellenberg *et al.*, 2008）则论证二者之间存在倒 U 型关系，即当 GDP 达到一定水平时，才能逐渐降低自然灾害的损失程度。这种关系也可能受到国家对风险厌恶程度的影响（Schumacher *et al.*, 2011）。除此之外，教育水平、开放程度、政府信用、外汇储备等都有可能影响自然灾害对国民经济的影响程度（Blankespoor *et al.*, 2010；Noy，2009）。

除此之外，自然灾害还可能给受灾的居民造成心理健康的损害。心理健康包括情感、心理、行为和社会福利。它决定了人们如何应对正常的生活压力，以及如何在社会中发挥作用。另一方面，精神疾病会对一个人的思想、感情或行为产生不利影响，因此它会导致机体功能上的困难。气候变化会导致和加剧压力与焦虑，对心理健康产生不利影响：如极端风暴或酷热等事件可能导致抑郁、愤怒甚至暴力，以及创伤后应激障碍（Post-traumatic Stress Disorder, PTSD）。社会中的每个人都要面对气候变化所可能带来的心理健康风险，但并不是每个人都受到同样的影响。特别容易受到气候变化对心理健康影响的群体包括儿童、老人和妇女，同样处于危险之中的还有弱势群体、患有精神疾病的群体和与土地有密切联系的群体，包括农民和部落社区等。

二、气候变化对经济发展的影响

（一）气候变化与农业生产

相较于许多其他经济部门可以通过室内措施来减弱温度变化的干扰，现阶段农业生产仍然会受到天气波动的显著影响（除了温室中一些高度专业化的种植操作）。一般来说，适应气温平均值的变化比适应气温方差的变化更容易，因为在未知天气到来之前，可以根据该地区历史情况预期气温的平均值，选择种植最佳作物品种，而气温的方差则增长了作物种植后的不可控性。对于气温方差的适应体现在可以在作物生长期进行适当的调整，例如建造能够平衡温度波动的温控系统以及避免降水波动的灌溉系统。但到目前为止，学术界对于气候变化对农业生产的影响主要集中在平均温度变化的研究，有关气温方差变化影响的研究刚刚起步。

研究天气对农业生产影响的文献有着悠久的历史，例如费希尔（Fisher，1925）曾用极大似然估计的方法估计了降雨量对小麦产量的影响。在低纬度地区，尤其是发展中国家的低洼地区，农业生产会受到气候变化的较大影响（Mendelsohn, 2008）。德尔等（Dell *et al.*, 2012）研究发现年平均气温上升 1 摄氏度会使得农业产量增长率下降 2.66%。在高纬度地区，气候变化对于农业生产的影响是存在争议的。有研究表明随着平均气温的升高粮食的产量会下降，也有研究发现这种影响并不显著。具有代表性的研究是施伦克和罗伯特（Schlenker and Roberts, 2009）估计的气温和降水量对农业产量的影响。他们发现这种影响是非线性的。当气温升高但低于某个临界值时，作物的产量会增长，然而当气温继续升高以至于超过临界值时，作物的产量会下降。有时微观数据被加总时会掩盖掉这种非线性关系（Fezzi and Bateman, 2012）。

在长期中，农业生产者可以采取措施适应渐变的气候：例如一次干旱可能并不会引起农业生产者的重视，但频发的干旱则可能会使得人们去修建灌溉系统。菲什曼（Fishman, 2012）用印度地区的数据发现这可以消除 90%降水波动的影响，但无法减弱极端气温带来的损失；另一方面可以调整种植作物的周期，虽然极端炎热天气抑制了作物的生长，但春天和秋天相应极端严寒天气的减少延长了种植作物的时间。这部分抵消了气候变化对农业带来的不利影响（Ortiz-Bobea and Just, 2013）。

（二）气候变化与能源消费

气候变化与能源消费具有双向反馈效应，一方面能源消费释放的温室气体会影响全球气候，而全球气温上升也会改变能源消费和生产模式。这种改变体现在需求端和供给端：在需求端，随着夏季变得更加炎热，社会会对制冷有更高的需求，这将导致电力消耗的增长，而更加温暖的冬季则减少了供热需求，使得天然气、石油、电力需求减少；在供给端，夏季和冬季对电力需求的改变会影响发电厂对煤炭等能源的使用量。

现有实证文献将研究视角主要集中在短期效应（Intensive margin），发现人们会随着气候变化改变现有产品的使用量，如空调。沃尔夫拉姆等人

（Wolfram *et al.*, 2012）提出由于价格和收入双重效应，人们在未来会拥有更多的空调设施；但在长期中（Extensive margin），人们可能会改变消费品的选择、改变能源使用种类，甚至是改变建筑的性能。

基于截面数据的实证研究中，有学者（Vaage, 2000）研究了挪威居民对电力、木柴、石油或者混合使用能源的供暖消费选择，发现暖冬情况下居民会倾向于使用单一能源并减少 30% 的能源使用量。曼苏尔等人（Mansur *et al.*, 2008）发现随着全球气候变暖，美国居民会改变消费的能源种类，并在夏季会增长电力和石油消费，在冬季会减少天然气消费。随着气温上升，厂商会增长电力消费并减少石油消费。同时美国总体的能源消费量呈现上升趋势，但此类基于截面数据的研究会存在变量遗漏的估计偏误问题。

时间序列数据同样存在变量遗漏问题，而且视角主要集中在短期。例如康西丁（Considine, 2000）用月度加总能源消费数据发现夏季对于能源的需求弹性要大于冬季，即气候变暖导致的冬季能源节省要大于夏季能源额外消费，这个结论与大多数实证研究结论相反。

相较截面数据和时间序列数据，面板数据的实证研究就能较好地控制不可观测因素，例如德申斯等人（Deschenes *et al.*, 2011）在控制了洲际和年度固定效应后发现电力消费量与温度呈现 U 型关系，即电力消费量在严寒和酷暑天气会更高。但目前这类研究关注的是短期天气变化所带的冲击，并不能够研究气候变化下人们长期能源消费习惯的改变。

（三）气候变化与劳动生产率

气候变化对人类经济活动的影响是研究者们近年来非常关注的问题。近年来，宏观研究与微观研究都表明极端温度尤其是极端高温天气对人类健康、劳动力供应和劳动生产率有着重要影响。尽管目前对潜在的适应反应的实证研究相对较少，但有学者（Seppanen, 2006）提出的"经济活动最佳温度区"使人们能更直观地认识到气候变化对人类经济活动的认识。

人类是生物有机体。人类大多数的生化过程都是对温度极其敏感的（EO Wilson）。研究表明，人类身体机制仅在 37 摄氏度（98.6 华氏度）的核心温度区内运行良好。如果太冷，血液将对人体器官机制供应不足；如果太热，人体器官血液供应过高，一旦多余的热量（或冷）超过某个阈值时人体就开始出汗（或颤抖）。虽然有一些证据表明最近的进化适应性，但大多数人对温度具有非常相似的基线遗传适应性（Campbell, 1974）。

塞帕宁（Seppanen, 2006）研究并考察了不同温度对个体完成任务的效果，发现经济活动存在最佳温度区，在此温度区内个体的任务完成度较好，个体生产情况较高。塞帕宁将不同个体随机分配到不同温度的房间并要求他们执行认知任务与身体任务，从而来量化温度与任务完成情况的关系。研究发现，当温度高于 25 摄氏度时，平均生产力损失约为每摄氏度 2%；当温度低于 25 摄氏度时，生产力水平也出现了不同程度的下降。基于此，塞帕宁提出了当且仅当人体在 25 摄氏度左右，个体的生产水平较高。

近年来，经济学家们运用塞帕宁的经济活动最佳温度区理论，将生物对个体的影响过渡到温度气候对经济活动的影响上来。

当温度高于或低于我们的舒适区时，人们很容易受到干扰和分心，从而导致个体经济行为效率低下。卡雄（Cachon，2013）整理了 1994～2004 年的美国汽车制造工厂级产出数据并测试极端炎热天气是否会影响到汽车生产量，发现高温天气与生产率的下降有着显著的关系。在极端情况下，持续一周的高温天气（90 摄氏度左右）使得该周的汽车生产量减少约 8%。德尔（Dell, 2012）测量了 1950～2003 年 124 个国家的全球样本中工业生产量的情况。发现，世界收入中位数低于 1990 年的国家，出现高温天气的年份工业生产水平明显较低，年度温度的每增长一个标准差，生产量约下降 0.69%。而发达国家的工业生产量每摄氏度下降 2.04%，农业产量下降约 2.4%。相似的研究表明，空调调节可以缓解气候变化对生产量造成的负面影响，人均空调水平较高的出现高温天气的国家极端炎热气候对工业生产的影响要低于人均空调水平较低的国家（Park *et al.*, 2015）。

美国方面的生产情况也表明了温度压力及其对劳动生产率的影响所带来的宏观经济影响。德吕吉纳等人（Deryugina *et al.*, 2014）使用美国地方级收入数据，发现 15 摄氏度以上的天数与 1969～2011 年持续存在的负收入冲击有关。与此相似，帕克（Park，2015）整理了 1986～2012 年美国地方级工资单数据，发现高温天气（高于 90 华氏度，32 摄氏度）对非农业产出有不利影响。此外，帕克等人（2015）发现遭受最大负面影响的行业是建筑和采矿。这两个行业都发生在户外，涉及大量的体力劳动和体力消耗（根据 NIOSH 定义分类）。

总的来说，我们现在可以将温度视为一个变量，它本身对经济绩效至关重要，正在出现的共识是极端温度对劳动生产率具有直接和重大的影响。

三、气候变化的其他方面影响

气候变化还有一些其他负面的影响，例如气候变化和冲突虽然不是经济学研究的核心领域，但在过去的十年里，对这两个主题的研究都出现了井喷式增长。由于这一领域的研究具有跨学科性，因此必须同时借鉴经济学和其他学科的研究成果。这一系列的实证文献的主题包括人际冲突（如家庭暴力、街头暴力、袭击、谋杀和强奸）和群体间冲突（包括暴乱、种族暴力、土地入侵、帮派暴力、内战和其他形式的政治不稳定，如政变）。在实证方法论层面，主要通过气候变量随时间变化的"自然实验"，以解决遗漏变量所带来的估计偏差问题。通过大量相关实证研究发现，随着气候变化导致地区气温和降水偏离了往年适宜水平范围时，会显著增长冲突的风险，具体而言当平均气温上升一单位标准差，同期人际冲突的发生率会增长 2.4%，群体间冲突率会上升 11.3%，累计降水超过正常值也会增长群体间的冲突概率。在今后的实证研究中，有待于进一步识别气候与冲突关联的机制，以衡量社会适应气候变化的能力，以及了解未来全球变暖可能带来的影响。

第六节　结　　论

　　碳排放导致的温室效应对于社会经济的损害是其负外部性的主要体现。碳社会成本概念的提出就是为了将碳排放的负外部性进行定量的描述。目前，碳社会成本被广泛用于气候政策的成本效益分析，并为相关排放标准的制定提供了定量参考依据。综合评估模型是测算碳社会成本的重要工具，其中主要包括 DICE 模型、FUND 模型和 PAGE 模型这三个模型。由于不同模型在模型结构、参数选择等方面存在一定差异。它们对于碳社会成本计算的结果也有比较大的不同。此外，敏感性气候参数、贴现率等关键模型参数以及模型对未来社会经济排放路径的预测等都会显著影响碳社会成本的评估结果。因此，目前的碳社会成本评估结果存在较大的不确定性。

　　除了综合评估模型外，CGE 模型在碳社会成本研究领域也有一定的应用，其可以定量分析较长时间尺度下气候变化对于能源供需、农业生产、人类健康等多个社会经济系统的影响，目前也被广泛应用于气候损失的评估。与综合评估模型相比，CGE 模型对于社会经济系统的描述更加细化，而且可以分析气候变化的跨部门影响。最后，由于气候损失类型的多样化，现有的模型研究尚无法全面分析气候变化对所有部门造成的影响，未来的模型研究还需要继续基于新的研究不断更新其气候损失评估模块。

参考文献

Aaheim, H.A., N. Rive, 2005. A model for global responses to anthropogenic changes in the environment (GRACE). *CICERO Report.*

Anthoff, D., C. Hepburn and R.S. Tol, 2009. Equity weighting and the marginal damage costs of climate change. *Ecological Economics*, 68(3).

Arrow, K.J., W.R. Cline, K.G. Maler, *et al.*, 1996. *Intertemporal equity, discounting, and economic efficiency*: Cambridge, UK, New York and Melbourne: Cambridge University Press.

Ayres, R.U., J. Walter, 1991. The greenhouse effect: damages, costs and abatement. *Environmental and Resource Economics*, 1(3).

Barreca, A.I., 2012. Climate change, humidity, and mortality in the United States. *Journal of Environmental Economics and Management*, 63(1).

Bigano, A., J.M. Hamilton and R.S. Tol, 2006. The impact of climate on holiday destination choice. *Climatic Change*, 76(3-4).

Blankespoor, B., S. Dasgupta, B. Laplante, *et al.*, 2010. The economics of adaptation to extreme weather events in developing countries. Center for Global Development Working Paper, 199.

Bosello, F., F. Eboli, and R. Pierfederici, 2012. Assessing the economic impacts of climate change. FEEM (Fondazione Eni Enrico Mattei), Review of Environment, Energy and Economics.

Cachon, G.P., S. Gallino and M. Olivares, 2012. Severe weather and automobile assembly productivity. *Columbia Business School Research Paper*, 12(37).

Campbell, R.K., 1974. Use of phenology for examining provenance transfers in reforestation of Douglas-fir. *Journal of Applied Ecology*.

Carleton, T., M. Delgado, M. Greenstone, *et al.*, 2018. Valuing the global mortality consequences of climate change accounting for adaptation costs and benefits.

Considine, T.J., 2000. The impacts of weather variations on energy demand and carbon emissions. *Resource and Energy Economics*, 22(4).

Das, S., J.R. Vincent, 2009. Mangroves protected villages and reduced death toll during Indian super cyclone. *Proceedings of the National Academy of Sciences*, 106(18).

Dayaratna, K., R. McKitrick, and D. Kreutzer, 2017. Empirically constrained climate sensitivity and the social cost of carbon. *Climate Change Economics*, 8(02).

de Cian, E., E. Lanzi, and R. Roson, 2007. The impact of temperature change on energy demand: a dynamic panel analysis.

Dell, M., B.F. Jones and B.A. Olken, 2012. Temperature shocks and economic growth: Evidence from the last half century. *American Economic Journal: Macroeconomics*, 4(3).

Deryugina, T., S.M. Hsiang, 2014. Does the environment still matter? Daily temperature and income in the United States. *National Bureau of Economic Research*.

Deschenes, O., 2014. Temperature, human health, and adaptation: A review of the empirical literature. *Energy Economics*, 46.

Deschênes, O., M. Greenstone, 2011. Climate change, mortality, and adaptation: Evidence from annual fluctuations in weather in the US. *American Economic Journal: Applied Economics,* 3(4).

Eliasch, J. 2008. Climate change: financing global forests: the Eliasch review: Earthscan.

Fankhauser, S., 1994. The social costs of greenhouse gas emissions: an expected value approach. *The Energy Journal*, 15(2).

Fezzi, C., I. Bateman. 2012. Non-linear effects and aggregation bias in Ricardian models of climate change. CSERGE working paper.

Fisher, R.A. 1925. "Theory of statistical estimation." Mathematical Proceedings of the Cambridge Philosophical Society.

Gaiha, R., K. Hill, G. Thapa, *et al.*, 2015. Have natural disasters become deadlier? Sustainable Economic Development.

Group, I.W., 2010. Technical Support Document: Social Cost of Carbon for Regulatory Impact Analysis-Under Executive Order 12866. United States Government Interagency Working Group on Social Cost of Carbon Tech. Rep.

Haraden, J., 1992. An improved shadow price for CO_2. Energy, 17(5).

Heal, G., J. Park. 2015. Goldilocks economies? Temperature stress and the direct impacts of climate change. National Bureau of Economic Research.

Hope, C., 2006. The marginal impact of CO_2 from PAGE2002: An integrated assessment model incorporating the IPCC's five reasons for concern. Integrated assessment, 6(1).

IPCC, 2013. Climate Change: The Physical Science Basis. Cambridge, Cambridge University Press.

Kahn, M.E., 2005. The death toll from natural disasters: the role of income, geography, and institutions. Review of economics and statistics, 87(2).

Kellenberg, D.K., A.M. Mobarak, 2008. Does rising income increase or decrease damage risk from natural disasters? Journal of urban economics, 63(3).

Kousky, C., 2014. Informing climate adaptation: A review of the economic costs of natural disasters. Energy economics, 46.

Link, P.M., R.S. Tol, 2011. Estimation of the economic impact of temperature changes induced by a shutdown of the thermohaline circulation: an application of FUND. Climatic Change,

104(2).

Mansur, E.T., R. Mendelsohn and W. Morrison, 2008. Climate change adaptation: A study of fuel choice and consumption in the US energy sector. Journal of Environmental Economics and Management, 55(2).

Mastrandrea, M.D., 2009. Calculating the benefits of climate policy: examining the assumptions of Integrated Assessment Models. Pew Center on Global Climate Change Working Paper.

Mendelsohn, R., 2008. The impact of climate change on agriculture in developing countries. Journal of Natural Resources Policy Research, 1(1).

National Academies of Sciences, E., Medicine. 2017. Valuing climate damages: updating estimation of the social cost of carbon dioxide: National Academies Press.

Nerem, R.S., B.D. Beckley, J.T. Fasullo, *et al.*, 2018. Climate-change–driven accelerated sea-level rise detected in the altimeter era. Proceedings of the National Academy of Sciences, 115(9).

Nordhaus, W.D. 1994. Managing the global commons: the economics of climate change. MIT press Cambridge, MA.

Nordhaus, W.D., 1991. To slow or not to slow: the economics of the greenhouse effect. The economic journal, 101(407).

Nordhaus, W.D., 1992. An optimal transition path for controlling greenhouse gases. Science, 258(5086).

Nordhaus, W.D., 2017. Revisiting the social cost of carbon. Proceedings of the National Academy of Sciences, 114(7).

Nordhaus, W.D., J. Boyer, 2000. Warming the world: economic models of global warming: MIT Press.

Nordhaus, William D., 2017. Revisiting the social cost of carbon. Proceedings of the National Academy of Sciences, 114(7).

Nordhaus, William D., 1992. An optimal transition path for controlling greenhouse gases. Science, 258.

Noy, I., 2009. The macroeconomic consequences of disasters. Journal of Development economics, 88(2).

Ortiz-Bobea, A., R.E. Just, 2013. Modeling the structure of adaptation in climate change impact assessment. American Journal of Agricultural Economics, 95(2).

Peck, S.C., T.J. Teisberg, 1993. Global warming uncertainties and the value of information: An analysis using CETA. Resource and Energy Economics, 15(1).

Ramsey, F.P., 1928. A mathematical theory of saving. The economic journal, 38(152).

Raschky, P.A., 2008. Institutions and the losses from natural disasters. Natural hazards and earth system sciences, 8(4).

Reilly, J.M., K.R. Richards, 1993. Climate change damage and the trace gas index issue. Environmental and Resource Economics, 3(1).

Roe, G.H., M.B. Baker, 2007. Why is climate sensitivity so unpredictable? Science, 318(5850).

Schlenker, W., M.J. Roberts, 2009. Nonlinear temperature effects indicate severe damages to US crop yields under climate change. Proceedings of the National Academy of sciences, 106(37).

Schumacher, I., E. Strobl, 2011. Economic development and losses due to natural disasters: The role of hazard exposure. Ecological Economics, 72.

Seppanen, O., W.J. Fisk and Q. Lei, 2006. Effect of temperature on task performance in office environment.

Sohngen, B., R. Mendelsohn and R. Sedjo, 2001. A global model of climate change impacts on timber markets. Journal of Agricultural and Resource Economics.

Stern, N., N.H. Stern, 2007. The economics of climate change: the Stern review. cambridge University Press.

Strömberg, D., 2007. Natural disasters, economic development and humanitarian aid. Journal of Economic perspectives, 21(3).

Tol, R.S., 1997. On the optimal control of carbon dioxide emissions: an application of FUND. Environmental Modeling & Assessment, 2(3).

Tol, R.S., 2009. The economic effects of climate change. Journal of economic perspectives, 23(2).

Toya, H., M. Skidmore, 2007. Economic development and the impacts of natural disasters. Economics letters, 94(1).

Vaage, K., 2000. Heating technology and energy use: a discrete/continuous choice approach to Norwegian household energy demand. Energy Economics, 22(6).

van der Mensbrugghe, D., 2008. The environmental impact and sustainability applied general equilibrium (ENVISAGE) model. The World Bank, January.

Weiss, J. 2009. The Economics of Climate Change in Southeast Asia: A Regional Review. Asian Development Bank.

Weitzman, M.L., 2009. On modeling and interpreting the economics of catastrophic climate change. The Review of Economics and Statistics, 91(1).

Wolfram, C., O. Shelef and P. Gertler, 2012. How will energy demand develop in the developing world? Journal of Economic Perspectives, 26(1).

第六章　气候变化风险管理

第一节　总体国家安全观视角下的气候变化风险

坚持总体国家安全观是习近平新时代中国特色社会主义思想的重要内容。党的十九大报告强调，统筹发展和安全，增强忧患意识，做到居安思危，是中国共产党治国理政的一个重大原则。党的十九大将坚持总体国家安全观纳入新时代坚持和发展中国特色社会主义基本方略，并写入党章。党的十九大报告指出，坚持总体国家安全观，必须坚持国家利益至上，以人民安全为宗旨，以政治安全为根本，统筹外部安全和内部安全、国土安全和国民安全、传统安全和非传统安全、自身安全和共同安全，完善国家安全制度体系，加强国家安全能力建设，坚决维护国家主权、安全、发展利益。

气候变化引发的国家安全问题，作为非传统安全的新议题，正在引起国际社会和各国政府的重视。气候变化风险可以分为直接风险和间接风险两个层次。第一层次的风险是由于全球气温上升、极端气候事件增多、海平面上升等自然环境的变化给人类的生存条件带来的潜在负面影响，即气候变化的直接风险。气候变化可以间接诱发社会、经济和自然生态系统进一步变化甚至联动，从而导致整个系统结构和功能受损甚至崩溃。直接风险和间接风险相互关联，构成系统性风险。此外，在应对气候变化过程中，由于不恰当的方式、手段和力度，也可能对社会经济系统造成负面影响，形成经济和社会领域产生的新风险，即应对气候变化响应风险（齐晔等，2014）。

中国潜在的气候变化风险主要表现在以下几个方面：（1）极端和长期气候变化所引发的海平面上升、荒漠化和水土流失、生态承载力退化、环境污染加剧等问题，将影响国家发展的自然环境和物质基础，诱发生态安全风险。（2）气候变化引发的极端灾害会削弱中国多年发展积累的成果，对国民的生命财产和生活质量产生严重影响，诱发经济和社会风险。（3）气候变化引发的极端灾害风险对重大国防和战略性工程的负面影响正在凸显。气候变化可能导致水资源争夺和跨国移民潮，引发中国与邻国之间的争端和冲突。未来海平面上升引发的海洋边界变化、地区冲突[①]，有可能影响全球资源和能源格局，威胁中国领土主权及海洋权益，诱发政治和外交风险（张海滨，2009；姚雪峰等，2011；王琪，2012）。（4）气候变化对人类健康的负面影响逐步增强，高温、干旱、洪涝、雾霾等已经成为危害人民健康的重要因素。（5）气候变化引发的金融风险。气候变化的宏观金融风险一般可分为两类：一是物理风险，即未能有效解决气候变化问题所带来的金融风险；二是转型风险，即公共或私人部门为控制气候变化采取的有效政策及行动所带来的金融体系不适应性风险。这两类风险将通过资产价值重估、资产负债表、抵押品价值变化、风险头寸暴露、政策不确定性和市场预期波动等渠道，对宏观经济和金融变量产生显著影响，进而冲击金融稳定和宏观经济。

气候安全是国家安全体系中一个重要组成部分。2015年3月，习近平主席发文论述在非传统安全领域国际合作和全球治理问题时明确指出，"合作共赢应该成为各国处理国际事务的基本政策取向。我们应该把本国利益同各国共同利益结合起来，努力扩大各方共同利益汇合点，树立双赢、多赢、共赢新理念，坚持同舟共济、权责共担，携手应对气候变化、能源资源安全、网

---

① 陈雨露："气候变化是导致经济和金融体系结构性变化的重大因素之一"，http://finance.eastmoney.com/a/201912231333245949.html。

络安全、重大自然灾害等日益增多的全球性问题，共同呵护人类赖以生存的地球家园。"

气候变化风险治理是生态文明建设和实现中国梦的迫切需求。因此，加强气候变化风险管理，适应气候变化，是保障气候安全、国家经济社会发展和人民生活的基本选择。未来应当根据国家应对气候变化战略，确定中长期气候安全目标。高度重视气候变化对国家安全的影响，将适应和减缓气候变化置于国家安全的框架下统筹考虑。重点加强气候安全机制建设、信息共享和决策协调，协同考虑水、粮食、生态、健康、能源、交通等领域的气候变化风险和防灾减灾的需求。

第二节 风险社会治理中的气候变化风险

风险是后工业社会基本特征之一（Beck，1996），现代社会本身就是风险社会（安东尼·吉登斯，2000）。与传统的灾害风险相比，气候变化风险具有系统性、长期性、复杂性和更大的不确定性（Renn *et al.*，2011；IPCC，2012）。

气候变化风险对传统风险的叠加和放大效应。一方面，经济和社会的快速发展会增长承载体的暴露度与脆弱性，由极端天气气候带来的新增风险对传统的风险有叠加和放大效应（IPCC, 2014）；另一方面，经济社会的发展有利于提高适应和应对灾害的能力，从而可以降低脆弱性，减少生命财产损失。一国在经济社会发展过程中是否能有效地降低极端气候事件带来的相关风险，关键在于它是否能充分和有效地管理灾害风险，减少暴露度和提升气候恢复能力。

人口方面，由于改革开放后中国实行计划生育和独生子女政策，因此人口总体保持稳中有增趋势。据预测，中国的人口顶峰出现在 2026～2037 年之间，峰值总人口约在 14.50 亿～14.68 亿之间，届时中国老龄化程度较目前将进一步加重（李善同等，2011；联合国开发计划署，2013；王伟光等，2013）。人口总量的增长，老龄化程度加重，可能会提高极端气候灾害发生时的暴露度和脆弱性，增长极端灾害带来的风险。

经济方面，根据国内研究机构的预测，到 2030 年中国 GDP 总量将达到 80 万亿～133 万亿元左右的规模（11.5 万亿～19.2 万亿美元，2000 年美元价格）（李善同等，2011；联合国开发计划署，2013；王伟光等，2013）。经济社会的发展，一方面增长了中国面对极端灾害的暴露度和/或脆弱性以及风险，另一方面也有助于中国投资软硬件基础设施建设，改善生态环境，增强应对极端灾害风险和适应气候变化的能力。

城市区域是人类易受灾害影响的重点区域。中国 2030 年的城市化水平将达到 65%～68%左右（李善同等，2011；联合国开发计划署，2013；王伟光等，2013）。未来极端气候事件给城市灾害风险管理提出了新的挑战。

IPCC 第五次评估报告指出，极端事件灾害对不同人群的影响也是不对称的。那些在社会、经济、文化、政治、体制上或其他方面被边缘化的人群，通常对气候变化以及对气候变化响应是高度脆弱的。与气候有关的灾害通过影响民生（诸如农作物减产或民宅被毁等）从而直接或间接影响贫困人口的生活（IPCC，2012；IPCC，2014）。

发展中国家与发达国家面临着不同性质的适应需求。发展中国家既需要弥补"适应赤字"，也需要弥补"发展赤字"（潘家华等，2014）。随着未来极端气候的趋多、趋强，与气候密切相关的行业，如水资源、农业和林业、健康、旅游业，将越来越容易受到极端气候事件的不利影响，损失也将更为严重。对发展中国家而言，它们不仅面临着发展经济社会的迫切压力，还普遍面临着生态环境脆弱、发展阶段滞后、发展能力低下的严峻挑战，而伴随气候变化产生的额外风险很可能进一步大规模的贫穷和严重的脆弱性。因此，有效管理不断变化的极端气候和灾害风险，促进经济社会可持续发展已成为当务之急（周波涛等，2012）。

在理论上，气候变化风险管理与可持续发展具有一致性，即气候变化风险管理有利于增强经济、社会和环境的可持续性。一方面，气候变化风险管理的直接目的是在极端天气气候事件增多的情况下，力求减少乃至避免极端天气气候事件演化成天气气候灾害。另一方面，气候变化风险管理要求的降低脆弱性和暴露度、提高恢复力与可持续发展也是相一致的。在中国，灾害风险管理对可持续发展更具特殊意义。在社会经济发展的多重目标下，利用减缓和适应气候变化、灾害风险管理之间的互动以及政策的协同效应，有可能对可持续的路径产生重大影响并提高政策绩效（IPCC，2012）。

总体来看，将灾害管理与适应的手段和目标纳入可持续发展的观点已成为国际共识（郑艳，2012）。一些学者甚至把灾害风险管理视为将气候变化整合到可持续发展最有可能的路径之一（Schipper *et al.*, 2006）。鉴于灾害风险管理的重要性，及其与生态文明建设和建设美丽中国，实现可持续发展的内在一致性，中国有必要在国家、地区、社区层面，通过整合各种资源，积极推动和落实灾害风险管理。

第三节 气候变化风险管理的基本原则和方法

一、基本原则

适应气候变化、降低气候变化风险、保障气候安全和促进可持续发展并行不悖，需要确立统一的应对原则。在灾害风险管理领域，《国家综合防灾减灾规划（2011～2015 年）》确定了"政府主导、社会参与；以人为本、依靠科学；预防为主、综合减灾；统筹谋划、突出重点"四条防灾减灾原则；中国气象局制定了"政府主导、部门联动、社会参与"的气象防灾减灾机制，加强对灾害风险的管理。在适应领域，《国家适应气候变化战略》确定了"突出重点、主动适应、合理适应、协同配合、广泛参与"五原则。在操作层面，需要遵循"无悔原则、预防原则、经济理性原则、公平原则"等（郑艳，2013）。

无悔原则是指即使过高估计了气候变化风险，相关政策和行动仍然可以实现其他社会经济发展目标，如减小贫困、空气污染、生物多样性损失、水资源保护、公共卫生体系建设等。最有效的适应气候变化和降低天气气候灾害风险的措施是那些既可在短时间内带来发展效益，又能够减少气候变化长期脆弱性的措施。

预防原则是国际环境公约中针对不确定性风险提出的一个理念，在科学证据尚且不足时，采取谨慎的预先防范措施，以避免未来不可逆的损失，如巨灾导致的人员财产伤亡、生物多样性损失等。

经济理性原则是指协同政策和行动也需要考虑投入的成本和产出效率，通过成本效率分析或成本有效性分析，在多种政策选项中选择风险最小或收益最大的政策与行动。

公平原则是指适应和减灾政策不能因为资源的重新配置加大原有的社会差距，造成新的不公平因素。国际适应机制中的公平原则主要遵循了脆弱群体优先的理念。中国开展适应和减灾的协同措施也要兼顾地区差异、群体差异，将适应资金和救灾资源优先配置到高风险、高脆弱的地区和群体。

二、风险管理的流程

2005 年，IRGC 出版了风险治理白皮书，提出了基于流程设计的风险治理的框架，进一步清晰化了风险治理过程的结构。IRGC 将风险治理分为风险评估和风险管理两个部分。风险评估是对风险进行科学化的分析，获取用以支持决策所需的信息。风险管理是对科学分析提供的信息进行加工并按照决策程序做出决策且付诸行动。IRGC 的风险治理框架是否能够有效治理风险取决于各个环节是否能够良性运作且各个环节之间能够有效沟通与互动，如果不能满足这些前提假设，风险治理就会出现缺陷，以至于不能达到预期的效果。

薛澜等（2014）在研究气候变化风险的基础上，将气候变化风险治理工作的整个过程划分为：规划与准备、风险识别、风险评估和风险处置四个基本环节，并在各环节中动态进行风险沟通、风险监测与更新。

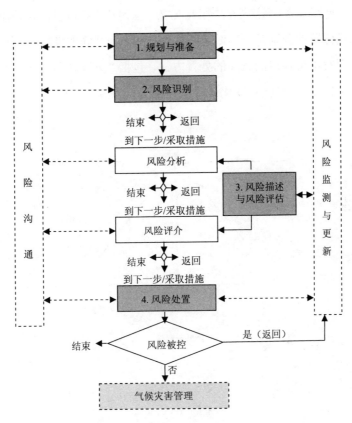

图 6-1 气候变化风险治理的基本流程

三、风险管理的途径

人类在应对灾害风险时思考的两个基本问题是：有没有可能降低和/或消

除风险？当风险不可消除时，如何减少风险造成的实际损失？本报告对此给出的答案是，为了降低和/或消除风险，必须降低脆弱性和暴露程度；为了减少那些无法规避的风险所造成的损失，必须增强自然系统和社会系统的恢复力。基于过去全球灾害风险管理的经验教训，IPCC 将应对风险的基本方法归为六大类（见图 6-2），这些方法相互交叉，互为补充，可以组合使用。图中，处于中轴线位置的分别是"降低暴露程度"和"降低脆弱性"。在中轴线的两侧列举了面对不可规避的风险的处置方法，包括"风险转移和风险共担""准备、应对和恢复""增强对变化风险的恢复力"以及"重构"。

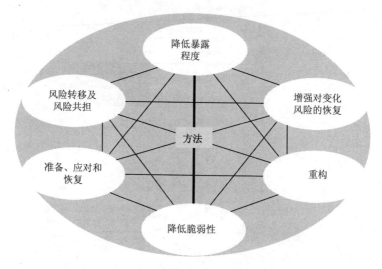

图 6-2　适应气候变化和管理灾害风险的方法组合

资料来源：IPCC, 2012。

1. 减少风险的直接对策："降低暴露程度"和"降低脆弱性"。灾害风险管理的第一层次的目标是全力减少灾害风险，降低灾害发生的可能性。"降低暴露程度"和"降低脆弱性"是特别报告提出的灾害风险管理的核心着力点。暴露程度和脆弱性总是动态变化的，呈现出不同的时空特点，取决于经济、社会、地理、人口、文化、治理和环境的因素。不同人群的暴露程度和脆弱性也很不相同。这取决于收入、教育水平以及其他的社会和文化特征。相对而言，减少暴露在技术上比较容易实现，可以通过加强防护、科学规划、合理的人口布局等途径得以实现，但是降低脆弱性相对比较困难，需要通过改变和调整系统的内部结构得以实现。

2. 减少损害的处置方法："风险转移及风险共担"和"准备、应对和恢复"。这两项是比较传统的应对风险的方法。"风险转移和风险共担"可以借助市场机制实现，"准备、应对和恢复"更多地依靠国家或地区的总体规划与预案建设，还需要借助先进的预报和预警技术的支持。

3. 减少损害的能力建设："增强对变化风险的恢复力"和"重构"。IPCC认为系统的恢复力来自于以下三个方面：功能持续、自组织和社会学习。恢复力是由系统本身的结构和功能所决定的，增长灾害恢复力的努力往往是通过改变自然系统和社会经济系统的结构与功能而实现的。而这种改变正是"重构"的一种表现形式。报告将"重构"界定为"系统的基本特征的改变（包括价值观系统，管制、立法和科层体制，筹资制度，以及技术系统和生态系统）"。

四、风险管理的经验

风险管理的核心内容是要逐年减少灾害对人类安全、社会、经济的影响，减少因极端气候等灾害导致的人口死亡数量。国际组织及机构为实现此目标的主要内容是：整合自然科学和社会科学的基础研究，倡导相关创新理论的发展，为灾害风险管理与适应提供科学理论和技术基础；积极协调国际间在减灾及风险管理方面的努力并开展合作；建立区域、国家交流专题平台；促进风险管理政策的颁布。提高全球风险管理意识；降低人类在灾害面前的脆弱性。提倡加大在风险管理方面的投资，以保护人类及其财产，适应气候变化。国际组织与机构积极倡导的灾害风险管理要点和经验主要包括：

（1）尽快建立健全减缓灾害风险和适应气候变化的法律法规，加强相关体制安排，强化风险的政府治理。

（2）提倡将灾害风险管理与适应纳入国家发展规划，与减贫、可持续发展、千年发展目标等紧密联系在一起。

（3）倡导自底向上的方法。加强地方能力建设，在制订规划和决策的过程中促进利益相关者参与，特别是脆弱群体如妇女、儿童、老年人和残疾人等。通过参与程度、透明度、效果和效率的提高来加强风险的政府治理。强调政治承诺和对政府部门的有效问责机制，加强宣传、教育和公众意识的提高，增强信息透明度，改进政府治理，合理分配投资和资源，促进地方的能力建设，促进自底向上的方法。

（4）充分利用现有资源。强调充分利用现有的能力和资源来识别风险，并分配足够的财政资源用于气候灾害的预防、响应和恢复。能够及时识别风险及资金需求，调整公共投资的优先权，将重点转向预防，而不仅仅是响应和恢复。强调重新分配已有的预算，并将现有的投资扩展到灾害风险管理领域，如城市和区域规划、土地利用、建筑法规、建筑标准、大中小学的教学方案、公共信息发布等。这些领域的资金支持可以用于灾害风险减缓和适应能力建设。

（5）强调成本效益分析。综合运用自然科学和社会科学的知识，充分评估风险发生的概率，并充分考虑直接成本、间接成本和机会成本，加强灾害经济学、私营部门投资和成功商业实践的研究，加强成本效益分析，将减缓灾害风险的投资纳入战略规划者和金融实战家的视野。

（6）充分发挥私营部门的作用。使私营部门充分认识到气候变化对其的影响。通过经营策略与战略的转变，如供应链管理、业务连续性规划、新的业务领域开拓等，促进企业可持续发展和实现股东价值的最大化，促进私营部门与公共部门的伙伴关系，增强地方适应气候变化的能力，同时创造大量的就业机会，使私营部门充分参与到降低灾害风险和提高适应能力的过程中来，是政府需要关注的重点。倡导建立公私合营（Public Private Partnership, PPP）的资金机制，鼓励私营部门的投资。充分利用商业部门的投资，通过在风险评估、风险分析、风险管理行动和努力、风险转移机制等多领域建立公私合作和伙伴关系，在灾害风险减缓中寻找更多的资金支持。

（7）充分发挥科学技术的作用。科学技术在减缓灾害风险中的作用体现在预测洪水、检测海啸波、防止传染病疫情、有效的沟通以及提高灾害风险的抵抗能力等方面。进一步减缓灾害风险需要科学、政策和实践的有机结合，由此提供了科学界、政府部门和私营部门充分合作的机会。科学界应该寻找更加快捷有效的方式与政策制定者和公众特别是高危人群进行互动和沟通。由于其可能产生的机遇和风险，技术一直受到关注，特别是能源、信息通信和交通基础设施，应该在设计之初就将灾害风险管理的理念融入其中，应该重点关注这些系统的中断可能带来的影响。另外，利用信息技术充分传播灾害风险信息对于政策制订者和高危人群尤其重要，增强恢复能力的技术开发为技术研发领域的公共和私营部门提供了新的经济机会。

第四节　气候变化风险管理策略

随着全球经济发展和社会进程的不断演化，气候变化的冲击和影响越来越显著地呈现出动态性、复杂性和不确定性的特点。极端天气气候事件带来的损失巨大，影响涉及众多的部门和社会领域。长期而言，一个系统面对由气候变化引起的预期灾害的脆弱性程度取决于这个系统合理应对这些预期灾害的适应能力。脆弱性的降低，或恢复能力的提升，可以被视为气候变化风险的降低或适应能力的增强。根据不同的灾害情况、不同的灾害管理策略和措施在全球范围内不断实施和改进，一方面采取积极的措施和策略减缓气候变化，另一方面在减缓的同时，动态地采取适应措施，提升综合抵御能力，从而减少在这类事件和灾害中的损失，是面向未来极端天气气候事件和灾害风险的根本目标。《中国极端天气气候事件和灾害风险管理与适应国家评估报告》提出三大策略：一是领域与区域协同，二是提升恢复能力，三是综合风险治理。

一、领域与区域协同

减缓和适应气候变化与相关灾害风险管理之间具有不同的侧重点和特性，但同时在目标上具有根本的一致性，即降低风险、减少损失、提高福利。协同战略强调在应对和适应气候变化，灾害风险管理以及可持续发展战略、规划、政策和措施制定中，努力发现各方面之间的协同性，统一考虑，统一规划，统一应对。

农业、水资源、能源、交通、建筑等基础设施为提升可持续发展能力提供了重要的物质基础。然而，这些领域也容易受到气候变化和极端事件的显著影响。未来适应气候变化需要协同考虑防灾减灾、节能减排、生态保护、扶贫开发等可持续发展的多重目标（表6–1）。

从气候地理等自然条件来看，中国的人口和经济发展存在着东、中、西部的阶梯式差距。未来社会经济发展与气候变化的叠加影响，将使得气候变化风险在不同地区的表现更加复杂，对中国城市地区、农村地区和生态功能区带来不同的影响。在城镇化、农业发展和生态安全战略格局中进一步加强区域间灾害风险管理和适应策略的协同，为中国经济社会可持续发展提供有力保障。

表6-1　主要领域气候变化风险管理与适应的协同策略

领域	未来风险与挑战	协同应对策略
农业	加剧农业气象灾害和农业病虫草害，增长农田管理和农牧业生产成本，影响农产品市场稳定，威胁粮食安全和农民生计，加快人口向城镇流动。	• 建立农业应对气候变化和天气气候灾害的监测、预警、响应和防灾减灾服务体系，加强农业防灾减灾规划和基础设施建设，提高农田水利工程的灾害风险防护标准，完善农业灾害政策保险制度； • 在农业主产区开展农业适应示范区建设，细化农业气候区划，调整农业结构和种植制度，实施耕地占补平衡、草畜平衡，生态修复，加强农业节水、抗旱、抗逆和保护性耕作等适应技术的研发、培训与推广； • 适度发展多元化和规模化经营，因地制宜实施连片地区的发展型适应投入，加强对农村地区尤其是特困连片地区的发展型适应投入，推动城乡公共服务一体化，完善农村医疗、养老等社会保障体系，减少气候变化引发的贫困。
水资源	加剧水资源时空分布的不均匀性及供给的不稳定性，加剧水旱灾害对水利工程的潜在威胁及灾害对水生态和水环境调蓄难度，影响水生态和水环境安全。	• 完善极端天气和天气气候事件的监测与应急管理体系，提高水利工程和供水系统的安全运行标准，加强重点城市、重点河流湖泊水库、防洪保护区和重旱地区的防洪抗旱减灾体系建设； • 保障城市化地区、农村和缺水地区、生态保护区的水生态安全，重点加强国家水源地保护、饮用水环境管理，重点流域的水资源综合管理，协同化解水体污染、水资源利用和防灾减灾等之间的矛盾，鼓励 • 落实用水总量控制，用水效率控制和水功能区限制纳污"三条红线"制度，推进水型社会，第三方治理，社会投入和社会监管机制； • 利用市场机制优化水资源配置效率，推动水价改革和水权交易机制，鼓励雨洪利用，循环水、海水和盐碱水淡化等节水技术与节水产品研发和应用，应对未来水资源短缺。

续表

领域	未来风险与挑战	协同应对策略
能源	影响风能、太阳能等可再生能源的供给及利用；极端天气事件加剧工农业生产和生活用能需求，加剧电力供给压力，威胁电力基础设施运行安全。	• 评估气候变化对不同地区风能、太阳能、水能、生物质能等能源的影响，加强可再生能源技术研发和应用，提高能源供给的多样性和低碳化； • 提高能源/电力基础设施的灾害设防标准，加强重点地区和工程应对极端天气气候事件的监测、预警和应急体系，保障电力安全； • 因地制宜发展智能电网，风光电联储技术和再生能源分布式发电技术，提升电力输配系统的效率和稳定性； • 加强电力需求侧管理，减少能源需求和碳排放。
交通	影响交通基础设施的安全性和稳定性，进而加剧了交通规划、工程设计、施工建设和运行管理的复杂性。	• 加强交通规划和重大工程项目（如机场、铁路、高速公路、城市轨道交通等）的环境影响评估和气候变化可行性论证； • 加强天气气候灾害风险普查，建设全国交通风险数据库和信息决策系统； • 提升城市地区应对极端天气交通信息监测预警及应急服务能力； • 发展低碳低碳公共交通体系和运输网，提高机动车排放标准，推动节能环保汽车和清洁燃料技术的研发和应用。
人居环境	影响人居环境的安全性和舒适性；增长城市安全运行和应对极端天气气候事件增长的压力；极端天气行业设计、施工、运行和维护成本，增长建筑供热、制冷能耗。	• 在城乡规划、基础设施建设、大型公共建筑和住宅建设时，考虑气候变化和环境风险，开展乡结合部的决策论证，重点关注特大城市、沿海沿江、生态脆弱、地质灾害高发、气候承载力薄弱、城乡结合区及新开发城镇地区； • 加强城市群地区应对天气气候灾害的决策协调机制，关注城市脆弱群体，提升社会参与意识和应对能力，建设生态、宜居、健康、安全的城市人居环境； • 加强建筑行业应对天气气候的适应技术研发，开发和推广节水节电省地型建筑，气候智能建筑，提高公共建筑和商业建筑运行和建筑节能的节能标准，推广气候节水省地绿色住宅，开发和实施建筑绿色住宅，防灾减灾社区； • 提高建筑行业应对极端天气气候事件的设计和施工标准，加强对建筑行业劳动者的灾害风险防护，提高建筑运行和居住环境的安全性，舒适性和耐久性。

续表

领域	未来风险与挑战	协同应对策略
健康	加剧环境污染和次生灾害，导致人员伤亡和健康风险；气候变暖加剧传染介传染病的发生和传播；增长公共卫生投入和医疗保健成本。	• 加强气候变化与极端天气气候事件相关疾病影响、传播机理和预防研究，加强科技投入和人力资源建设； • 加强疾病防控、应急处置、健康教育、卫生监督执法等部门协作，提高公共卫生医疗服务能力，重点建设城乡社区卫生医疗服务体系，加强城乡饮用水卫生及高温、雾霾等极端天气气候事件的健康影响监测与防控等； • 建立和完善公共卫生信息服务系统，加强气候变化风险与健康的公众教育与科普宣传，优先关注敏感人群和脆弱群体需求； • 完善城乡社会医疗保障与保险体系，推动医疗服务社会化和市场化。
海洋	影响海洋生境和生物多样性，改变海洋物种和地理分布，季节活动规律和迁移模式；海平面上升，风暴潮增强，极端发威胁沿海和沿岸洪涝灾害威胁沿海和海洋产业的可持续发展；加大海岸基础设施和海岸带保护成本。	• 加强气候变化和极端天气气候事件对海洋环境与生态影响的观测、评估、监测、预警和科学研究； • 制定海洋开发利用与保护规划，划定海岸与海洋生态红线，设立海洋自然保护区、维护海洋资源环境承载力； • 建设海洋灾害的联合防控体系，提升海岸天气气候灾害的预报与应对能力，加固海岸防护基础设施，提高沿海地区防洪排涝建设标准； • 增强国民开发利用和保护海洋的意识，制定海洋渔业捕捞、水产养殖、旅游航运、人类健康、海事安全、海洋石油天然气和可再生能源等涉海行业的气候变化适应措施。

续表

领域	未来风险与挑战	协同应对策略
国土资源	影响土地资源质量及可持续利用，增长土地整治和保护成本；加剧水土保持、地质安全和环境保护压力；引发或加剧泥石流、地面塌陷、滑坡、山体崩塌等地质灾害风险。	• 加强国土利用总体规划，重视资源环境承载力评估，开展重大工程气象地质灾害危险性评估，加强土地资源开发利用、监管与保护； • 加强矿山地质环境保护与恢复治理工程； • 加强地质环境监测与综合预警，减轻灾害地质环境事件对社会经济带来的不利影响； • 加强地质灾害排查巡查、预警预报、动态评估和应急防治，提高社区防灾减灾能力，建立健全重大地质灾害应急体系，提高重大地质灾害应对处置能力。
生态系统	显著影响生态系统安全，威胁生态环境、自然资源和生态功能的健康、完整和稳定性。	• 实施贯彻自然资源资产有偿使用和生态红线制度，建立和完善跨区域、跨流域的生态补偿机制； • 加强国家维护生态安全的适应性投入，加强生态恢复、灾害防控和试点示范； • 研发和推广利于生态系统稳定的适应性技术、生态修复和防灾技术； • 开展生态文明宜建设试点，因地制宜实施生态脆弱地区的移民，旅游开发和生计保护项目。

资料来源：秦大河，2015。

表 6-2　中国分区域的灾害风险管理与适应协同

区域	地区	未来的影响、风险与挑战	协同应对策略
城市化地区	东部地区、中部地区、西部地区	• 气候变化导致高温热浪和强降水等极端事件增多，对城市综合风险管理和应急体系带来挑战； • 沿海、沿江、生态脆弱的城市地区未来更容易遭受天气气候灾害； • 特大城市和城市群地区人口持续增长，加剧了适应和防灾减灾压力。	• 将城市适应目标及风险管理纳入区域和城市发展规划、政府考核体系； • 加强城市空间布局、重大工程及关键基础设施的气候可行性论证，保障城市生命线安全； • 加强城市群地区应对天气气候灾害的决策协调机制； • 关注城市脆弱群体，提升社会参与意识和适应能力。
农业发展地区	东北平原、黄淮海平原、长江流域、汾渭平原、河套地区、甘肃新疆、华南	• 气候变化对中国主要农产品主产区带来的影响有利有弊，未来应重点保障农产品安全供给和农村生计。 • 特困连片地区贫困人口集中，生态环境脆弱，气候变化脆弱性将日益突出。 • 气候变化加剧了贫穷、生态环境恶化和发展过程中的风险，加剧人口城镇化压力。	• 在农业主产区开展农业适应示范区建设； • 加大对农村地区的发展型适应投入，推进新农村建设； • 加强农村地区的医疗、养老等社会保障体系，减小气候变化引发的贫困； • 提升和改造农田水利基础设施，建立农村天气气候灾害综合防护体系； • 加强农业政策保险，提升农业发展地区的防灾减灾能力等。
生态安全地区	东北森林带、北方防沙带、黄土高原—川滇生态屏障区、南方丘陵山区、青藏高原生态屏障区	• 生态安全地区具有保障中国生态环境、自然资源和气候系统健康、稳定的重要生态功能，受到全球和区域气候变化的显著影响，需要列为适应的优先区域。	• 加强国家生态安全地区的适应投入； • 研究开发有利于生态系统稳定性的适应技术和生态保护技术； • 建立跨区域的生态补偿机制，提升主要流域水资源适应性管理能力； • 充分利用生态系统适应措施提高生态系统自适应能力及防灾能力等。

资料来源：秦大河，2015。

二、提升恢复力

恢复能力（或恢复力、韧性）译自英文"Resilience"一词。最初用于描述控制系统运动稳定性。在后来复杂性科学研究中泛指是指（经济、社会或自然）系统受到干扰之后其基本结构和功能恢复原状或原来发展轨迹的能力。在灾害风险管理、应对和适应气候变化、促进可持续发展中，不可指望一劳永逸的设计和措施，但可以提高社会的学习能力、预防能力和处置能力，在灾害发生之后，仍能保持并恢复原有功能。甚至在某些方面，化危机为转机，创造性地抓住可持续发展机遇。韧性存在于整个系统的各个方面和层次。社会的韧性与环境的韧性相辅相成，相互促进。例如，在社会系统中，提升政策和机制创新的能力建设，有助于加强社会经济系统与风险管理决策的韧性，而这也进一步间接促进了环境系统的韧性能力建设。进而，韧性较强的环境系统可以对灾害起到缓冲作用，成为人类与自然灾害之间的保护屏障，并可以为人们的生活提供更多的资源，有助于灾后重建，也反过来促进了社会经济系统的韧性。

提升恢复力是国内外应对气候变化及其极端灾害风险的共识。设计和实施恢复力战略应当软适应和硬适应措施并重，全面提升社会经济系统的适应能力。具体途径包括：加强适应气候变化与防灾减灾领域的决策协调，推动风险治理机制创新；制定国家和部门的适应规划，提升长期适应能力；完善减灾与应急管理机制，加强天气气候灾害的预测、预警及监测能力；开展天气气候灾害风险评估与区划；提升决策者和社会公众的气候变化风险意识，全社会参与风险管理，实现应急管理向风险管理的转变等。

三、综合风险治理

综合风险治理策略强调的是主体、机制和途径。以行政命令为主的政府科层机制、以交易为主体的市场机制、以公民互助为主的社会参与机制，是公共治理中最基本的三种治理手段。综合风险治理应建立在扩大治理参与主体的基础上。这意味着公共治理的主体不能仅仅依靠国家、市场或公民社会的任何一方，而是一种包括政府、企业、社会团体、专家、公民个人等所有涉及相关公共事务的利益相关者和风险分担者共同参与的网络结构。这其中包括了政策制定者、政策执行者、政策受益者以及可能的政策牺牲者。

灾害风险防范是一个社会中最重要的公共事务之一。政府在综合灾害风险防范中发挥主导作用。政府是综合灾害风险管理的主导者、规划者、推广者和组织者。作为一个单一制政府体系，中国具有高效的科层组织，保障了中央政府的统一领导和科学调度，使防灾减灾工作有序地、有效地进行。全国可以集中力量共同抗击灾害。中央政府可以集中领导、统筹兼顾，协调国家相关部门紧急调集大批抗灾救灾物资，为抗灾救灾提供物质保障（高中华等，2012）。在应对南方低温雨雪冰冻、汶川地震、舟曲特大山洪泥石流、重庆市抗御特大旱灾、北京"7·21"暴雨灾害、广东"1011号台风凡亚比"灾害等特大灾害的时候，各级政府都显示出了强大的作用，发挥了中国的制度优势。中国政府多年来逐步摸索出的风险治理机制，是在防灾减灾实践中创造和积累的根本成就，理应倍加珍惜、始终坚持、不断发展；在风险治理方面发挥并不断完善中国特色制度体系（秦大河，2015）。然而，不可忽视的是，中国政府综合风险管理工作中存在条块分割严重，部门职能分散合作不足；应对气候变化没有纳入到国家基本设施建设预算，制约适应气候变化的能力建设；公众灾害与风险防范意识不强影响了公众参与和社区防灾减灾机制作用的发挥。在公共治理的三种基本机制中，以行政命令为主的科层机制作用最为突出，而市场机制和社会参与机制明显不足。有中国特色的风险治理之道，应该在突出政府作用的同时，使市场机制和社区机制成为重要的补充力量。

（1）社会参与机制。公民参与在风险治理实践中具有重要意义。完善社会组织和公民个人防灾减灾的组织体系，有助于提高防灾减灾的效果。完善社区机制需要从提高公民灾害风险和适应气候变化意识入手，推动全方位的公民参与，使公民在政策制定、防灾减灾能力建设方面发挥积极作用，带动社区民众参与防灾减灾活动，形成全民防灾救灾体系。防灾减灾的最终目的是避免和减轻各种灾害或突发事件给国家和人民生命财产造成的损失，将灾害的损失降低到最低程度。而灾害的预防和减轻仅仅依靠政府实施相应的灾害对策还不够，需要全社会的共同努力。建立全民防灾救灾体系是灾害管理体制不可缺少的重要组成部分（滕五晓，2004）。

（2）风险分担机制。有效分散灾害风险是提升恢复力的重要措施。有效的风险分担机制应该充分利用政府与市场机制的优势，同时调动社会各方资源共同应对灾害风险。未来的风险分担应该完善灾害保险和社会保障，建立国家适应资金，同时大力发展风险治理中的市场机制，使之成为国家主导下灾害风险管理机制的重要组成部分。市场灾害补偿机制是以市场为主体、以风险精算为手段、以商业保险为主要内容，在私人与保险企业之间形成的某种风险补偿与分散机制。市场灾害补偿机制最典型的形式是通过商业保险，来实现风险保障。市场机制是国家主导下灾害风险管理机制的重要组成部分。

（3）区域综合风险治理。在全球气候变化背景下，极端天气气候事件出现的频率将更高，未来中国面临的风险将显著增长。应对由于全球变化所产生的一系列灾害风险，需要从纵向和横向两个方面，加强对区域灾害形成机制的全面理解。在纵向方面，要从区域尺度到全球尺度，全面理解灾害风险的形成与扩散过程，构建考虑不同空间尺度的综合灾害风险治理体系；在横向方面，要从政府、企业与社区多个要素入手，系统整合各方面的减灾资源，完善利益相关者共同参与的综合灾害风险治理系统。区域综合灾害风险治理模式建立的核心是建立区域综合减灾范式，即由区域发展和安全的结构体系共同组成的区域综合减灾的结构体系，以及由区域政府、企业与社区共同组成的区域综合减灾的功能体系。从灾害风险管理的角度，形成中央、部门和地方分工负责——纵向到底与横向到边一体化；从响应灾害过程的角度，明确灾前、灾中和灾后响应统筹规划——备灾、应急与恢复、重建一体化；从涉灾部门与单位的角度，集成政府、企业与社区减灾资源——能力建设、保险与救助一体化。促使政府、企业与社区形成减灾凝聚力，进而产生合力，即灾害恢复力是这一模式的关键（史培军等，2007；秦大河，2015）。

第五节　治理气候变化风险 构建人类命运共同体

中共十九大报告把构建人类命运共同体作为中国外交的重要理念和目标，强调坚持环境友好，合作应对气候变化，保护好人类赖以生存的地球家园。全球气候治理是当今世界最能体现人类共同命运的全球性问题，深度参与并积极推动全球气候治理体系改革和建设是中国推动构建人类命运共同体的重要实践。构建人类命运共同体成为引领全球气候治理的中国智慧与中国方案。中国采取"一体两翼"的气候战略，在积极引领和推动国际气候谈判取得成效的同时，在外交领域，采取"促美支欧团结发展中国家"的策略；在经济社会发展领域，积极引领和构建人类低碳发展国际制度，对内建设美丽中国，对外建设美丽世界（李慧明，2018）。

目前，应对气候变化已成为各国经济社会发展战略的重要组成部分。社会经济结构与应对气候变化和极端气候灾害防御关系十分密切。它们相互影响、相互保障、相辅相成。应对气候变化，防御极端气候灾害是一项关系国家长治久安、人民安居乐业、人与自然和谐发展的紧迫而重大的战略任务。制定和实施涵盖政治、经济、社会、科技的气候变化综合应对措施是一项迫切的任务，在国家政治、经济、社会和文化建设中，都应当体现应对气候变化的要求，以不断增强应对气候变化和防御极端气候灾害的能力；不断加快提高适应技术研发，积极借鉴先进技术经验，及早将应对气候变化和极端气候灾害防御上升为国家战略。同时，应对气候变化和防御极端气候灾害能力也是加强中国和谐社会建设的一个重要方面。在国际上，虽然各国社会经济结构不同，然而提高适应气候变化水平、防御极端气候灾害已成为衡量一个国家科技水平和综合国力的重要标志，增强应对气候变化和极端灾害方面的能力也从根本上反映出一个国家的经济实力、科技实力、政治实力和外交实力。

各国意识到自然灾害是人类面临的共同挑战。减灾需要全球的共同行动。减灾合作正日益成为当今国际合作的主题之一。为此，国际、区域组织和世界各国（地区）积极合作，协调行动，共同探讨完善国际减灾合作机制和行动措施。在减灾领域，中国参与和实施了一系列国际减灾机构和计划，例如《加强国家和社区的抗灾能力：2005～2015 年兵库行动纲领》、灾害风险综合研究计划（IRDR）、综合风险治理计划（IRGP）等。未来中国应当积极参与和构建国际减灾机制与平台建设，积极参与联合国气候变化框架公约、联合国国际减灾战略等国际机制中的适应气候变化和减灾行动，在支持和完善国际减灾合作机制的同时，推动中国国内的相关政策和行动。

适应基金机制谈判于 2008 年 12 月在波兹南召开的 COP14 大会上正式启动，在 2011 年德班缔约方大会上成立了绿色气候基金（GCF），拟在 2020 年开始提供每年 1 000 亿美元的长期资金用于发展中国家应对气候变化。随着全球政治经济形势的变化，适应资金机制暴露出资金规模不足、来源不稳定、分配机制不够合理、政治色彩趋浓的演变趋势（张雯等，2013）。为此，小岛屿国家联盟（AOSIS）等发展中国家指出现有适应机制无法补偿气候变化导致的各种"损失与损害"，尤其是长期的气候变化影响（TWN，2013），建议从保险、恢复/赔偿、风险管理三个方面推动"解决气候变化影响造成的损失与危害多窗口机制"。该议题有助于提高国际社会和各国政府对长期气候变化风险的认识与重视，也有助于推动现有国际机制（如移民、防灾减灾、保险、荒漠化、生物多样性、海洋等领域）的衔接和协调，提升全球气候变化风险的治理能力。

气候变化被认为是 21 世纪国际安全和外交政策所面临的重大挑战之一（张海滨，2009）。气候变化导致的极端事件及其引发的灾难，已经成为影响国家和地区安全的潜在因素（Brauch et al.，2007）。未来中国在全球政治经济格局中的地位日益上升。极端灾害事件引发的波及效应和风险放大效应，不仅会影响中国的社会稳定与可持续发展，而且也会成为全球或区域发展的潜在风险因素之一。对此，中国应该积极加强与国际社会的协作，关注气候变化引发的国际和国内安全问题。气候变化引发的国家安全问题正在成为国际社会和各国政府的关注议题。联合国安理会于 2007 年和 2011 年两次就气候与安全问题进行磋商和辩论。未来这一议题很可能进入联合国安理会的议事日程，成为全球安全治理的重要内容。气候变化问题与全球政治、经济、环境和贸易等问题密切关联。气候安全问题包含着各国的发展权之争、公平的维护、话语权的争夺以及未来发展模式的竞争。对此，一方面应加强气候变化对国家安全的影响研究，另一方面，应该将中国适应气候变化和防灾减灾置于国家安全的战略框架下加以统筹考虑。

参考文献

Beck, U., 1996. World Risk Society as Cosmopolitan Society? *Theory Culture & Society* 13(4).

Brauch, H. G., *et al.*, 2007. Human Security and Violent Conflict. *Climate Change*, 26(6).

IPCC, 2012. *Managing the risks of extreme events and disasters to advance climate change adaptation : special report of the Intergovernmental Panel on Climate Change*, Cambridge University Press.

IPCC, 2014. Climate Change 2014: Impacts, Adaptation and Vulnerability. IPCC Working Group II Contribution to AR5.

Renn, O., *et al.*, 2011. Coping with Complexity, Uncertainty and Ambiguity in Risk Governance: A Synthesis. *AMBIO*, 40(2).

Schipper, L., M. Pelling, 2006. Disaster Risk, Climate Change and International Development: Scope For, and Challenges To, Integration. *Disasters*, 30(1).

安东尼·吉登斯:《现代性的后果》,译林出版社,2000 年。

高中华、刘雪:"十六大以来中国防灾减灾工作的成功经验",《中国减灾》,2012 年第 23 期。

李慧明:"构建人类命运共同体背景下的全球气候治理新形势及中国的战略选择",《国际关系研究》,2018 年第 34 期。

李善同、刘云中:《2030 年的中国经济》,经济科学出版社,2011 年。

联合国开发计划署:《中国人类发展报告 2013:可持续与宜居城市》,中国对外翻译出版有限公司,2013 年。

潘家华等:"气候容量:适应气候变化的测度指标",《中国人口·资源与环境》,2014 年第 24 期。

秦大河:"中国极端天气气候事件和灾害风险管理与适应国家评估报告",2015 年。

史培军等:"论综合灾害风险防范模式——寻求全球变化影响的适应性对策",《地学前缘》,2007 年第 14 期。

滕五晓:"试论防灾规划与灾害管理体制的建立",《自然灾害学报》,2004 年第 3 期。

王琪:"气候变化对中国国家安全的影响",《江南社会学院学报》,2012 年第 2 期。

王伟光、郑国光:《应对气候变化报告(2013)——聚焦低碳城镇化》,社会科学文献出版社,2013 年。

薛澜等:《应对气候变化的风险治理》,科学出版社,2014 年。

姚雪峰等:"气候变化对中国国家安全的影响",《气象与减灾研究》,2011 年第 1 期。

张海滨:"气候变化与中国国家安全",《国际政治研究》,2009 年第 4 期。

郑艳:"将灾害风险管理和适应气候变化纳入可持续发展",《气候变化研究进展》,2012 年第 8 期。

郑艳:"推动城市适应规划,构建韧性城市——发达国家的案例与启示",《世界环境》,2013 年第 6 期。

周波涛、於琍:"管理气候灾害风险 推进气候变化适应",《中国减灾》,2012 年第 3 期。